# 一冊に凝縮
## Compact Edition

# ショートカットキー

## で時短が学べる教科書

手軽に学べて、今すぐ役立つ。

**時短研究委員会**

SB Creative

### 本書に関するお問い合わせ

　この度は小社書籍をご購入いただき誠にありがとうございます。小社では本書の内容に関するご質問を受け付けております。本書を読み進めていただきます中でご不明な箇所がございましたらお問い合わせください。なお、ご質問の前に小社Webサイトで「正誤表」をご確認ください。最新の正誤情報を下記Webページに掲載しております。

#### 本書サポートページ

https://isbn2.sbcr.jp/27133/

上記ページの「サポート情報」をクリックし、「正誤情報」のリンクからご確認ください。なお、正誤情報がない場合は、リンクは用意されていません。

#### ご質問送付先
ご質問については下記のいずれかの方法をご利用ください。

#### Webページより
上記サポートページ内にある「お問い合わせ」をクリックしていただき、メールフォームの要綱に従ってご質問をご記入の上、送信してください。

#### 郵送
郵送の場合は下記までお願いいたします。
　〒105-0001
　東京都港区虎ノ門2-2-1
　SBクリエイティブ　読者サポート係

---

■本書内に記載されている会社名、商品名、製品名などは一般に各社の登録商標または商標です。本書中では©、™マークは明記しておりません。
■本書の出版にあたっては正確な記述に努めましたが、本書の内容に基づく運用結果について、著者およびSBクリエイティブ株式会社は一切の責任を負いかねますのでご了承ください。

©2024　jitankenkyuuiinkai
本書の内容は著作権法上の保護を受けています。著作権者・出版権者の文書による許諾を得ずに、本書の一部または全部を無断で複写・複製・転載することは禁じられております。

# はじめに

「←↑→↓でカテゴリを選択する」「Ctrl + C でテキストをコピーする」など、ショートカットキーをあまり知らない人でも、なにげなく使用しているショートカット技はいくつかあるのではないでしょうか？

しかし「⊞ + E 」「⊞ + 2 」「 Alt + Enter 」「 Ctrl + Shift + 1 」などのショートカットキーはいかがでしょうか？ どのショートカットキーも知っていると大変便利で、時短に繋がる技ですが、意外と知らない・使っていないという人もいるかもしれません。

また、今紹介したものはWindowsのショートカットキーのみでしたが、これがアプリごとになると、もっと仕事に直結していきます。

長年、パソコンの仕事を効率よく進める研究をしてきた私たちの結論としては、「マウス操作」より「ショートカットキー操作」の方が、圧倒的な時短になるのは間違いありません。ショートカットキーで行う操作を知っていれば知っているほど、1つ1つの作業がストレスなく楽になり、しかも速いのです。

最初は慣れない操作でキーの組み合わせをなかなか覚えられず、マウス操作に戻ってしまうことも多いでしょう。しかし、そういったときこそ何度も本を見返して、ショートカットキーを使って操作を行ってみてください！ また、付属のショートカット一覧PDF特典（P.24参照）も活用してもいいでしょう。PDFをデスクトップやスマホに置いて、いつでもどこでも見て復習しましょう。

やがてキーの位置や組み合わせ、使いどころなどが身に付きます。ショートカットキーを覚えただけなのに、気づいたら、あなたの仕事が格段に速くなっているはずです。作業を効率化し、生産性を高め、時間を生み出していきましょう！

2024年8月　時短研究委員会

---

## ご購入・ご利用の前に必ずお読みください

- 本書では、2024年8月現在の情報に基づき、ショートカットについての解説を行っています。
- 画面および操作手順の説明には、以下の環境を利用しています。バージョンによっては異なる部分があります。あらかじめご了承ください。
  ・利用環境：Office 2021　・パソコン：Windows 11
- 本書の発行後、バージョンがアップデートされた際に、一部の機能や画面、操作手順が変更になる可能性があります。あらかじめご了承ください。

# 本書の使い方

本書は、仕事に役立つショートカットキーの技と知識を手軽に学習することを目指した新しい時短の教科書です。レッスンを学んでいくことで仕事を徹底的に速くするショートカットキーの基本がしっかり身に付きます。

## 紙面の見方

**テーマ**
本書は7章で構成されており、すべての技は、テーマごとにまとめられています。

**できること**
この項目でできる内容を記載しています。

**ショートカットキー**
ショートカットキーと、キーボードの位置と押す順番を記載しています。

# アイコンの解説

| 第1章 | Copilot | 最新のMicrosoft Copilotに関する操作です。 |
|---|---|---|
| 第2章 | 11 | Windows 11で行える操作です。 |
|  | 10 | Windows 10で行える操作です。 |
| 第3〜6章 | 365 | Microsoft 365で行える操作です。 |
|  | 2021 2019 2016 | それぞれのOfficeソフトのバージョンで行える操作です。 |
| 第7章 | Chrome | Google Chromeで行える操作です。 |
|  | Edge | Microsoft Edgeで行える操作です。 |

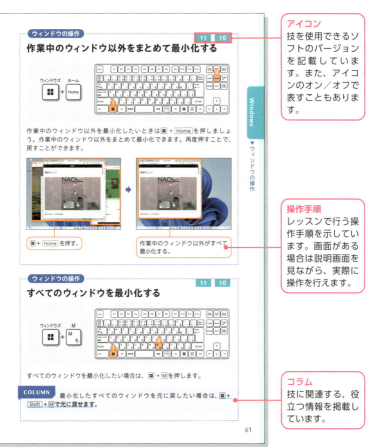

**アイコン**
技を使用できるソフトのバージョンを記載しています。また、アイコンのオン／オフで表すこともあります。

**操作手順**
レッスンで行う操作手順を示しています。画面がある場合は説明画面を見ながら、実際に操作を行えます。

**コラム**
技に関連する、役立つ情報を掲載しています。

# 目次 contents

はじめに ……………………………………………………………… 3

本書の使い方 ………………………………………………………… 4

## 第1章　共通コマンド

| | | |
|---|---|---|
| 項目をコピーする | Ctrl + C | 26 |
| 項目を貼り付ける | Ctrl + V | 26 |
| 項目を切り取る | Ctrl + X | 27 |
| クリップボードの履歴を表示する | ⊞ + V | 27 |
| すべての項目を選択する | Ctrl + A | 28 |
| 複数の項目を選択する | Shift + → (↑ + ↓ + ←) | 28 |
| ファイルを上書き保存する | Ctrl + S | 29 |
| ファイルを「名前を付けて保存」する | F12 | 29 |
| 操作を元に戻す | Ctrl + Z | 30 |
| 元に戻した操作をやり直す | Ctrl + Y | 30 |
| ファイルを開く | Ctrl + O | 31 |
| 新規ウィンドウを開く／<br>ファイルを作成する | Ctrl + N | 31 |
| ファイルを印刷する | Ctrl + P | 31 |
| コンテキストメニューを表示する | Shift + F10 | 32 |
| ローマ字入力とかな入力を切り替える | Alt + カタカナひらがなローマ字 | 33 |
| アルファベットを大文字に固定する | Shift + Caps Lock | 33 |
| カタカナに変換する | F7 | 34 |
| 英数字に変換する | F10 | 34 |
| 挿入／上書き入力を切り替える | Insert | 35 |
| 変換を取り消す | Esc | 35 |
| 行頭に移動する | Home | 36 |

| | | |
|---|---|---|
| 1文字ずつ選択する | Shift + → (←) | 36 |
| 前の単語の先頭にカーソルを移動する | Ctrl + ← | 37 |
| 行末まで選択範囲を拡張する | Shift + End | 37 |
| 行頭まで選択範囲を拡張する | Shift + Home | 38 |
| 音声入力を起動する | ⊞ + H | 38 |
| 絵文字パネルを開く | ⊞ + . | 39 |
| IMEを切り替える | ⊞ + スペース | 39 |
| 辞書登録する | Ctrl + F10 → D | 40 |
| Copilotを起動する／閉じる | ⊞ + C | 41 |
| 入力したプロンプトを改行する | Shift + Enter | 41 |
| 表示された入力候補を入力する | Tab | 42 |
| 表示された入力候補を拒否する | Esc | 42 |
| プロンプトを送信する | Enter | 42 |

# 第2章 Windows

| | | |
|---|---|---|
| スタートメニューを表示する | ⊞ | 44 |
| デスクトップを表示する | ⊞ + D | 45 |
| パソコン内とネットをまとめて検索する | ⊞ + S | 45 |
| タスクバーからアプリを起動する | ⊞ + 1 (〜0) | 46 |
| アプリやウィンドウを順に切り替える | Alt + Tab | 47 |
| パソコンをロックする | ⊞ + L | 47 |
| タスクビューを表示する | ⊞ + Tab | 48 |
| 設定画面を表示する | ⊞ + I | 48 |
| デスクトップを追加する | ⊞ + Ctrl + D | 49 |
| デスクトップを切り替える | ⊞ + Ctrl + ← (→) | 49 |
| 追加したデスクトップを閉じる | ⊞ + Ctrl + F4 | 50 |
| クイック設定を表示する | ⊞ + A | 51 |
| 通知パネルを開く | ⊞ + N | 51 |

| | | |
|---|---|---|
| ウィジェットパネルを開く | ⊞ + W | 52 |
| スナップレイアウトへのクイックアクセス | ⊞ + Z | 52 |
| エクスプローラーを起動する | ⊞ + E | 53 |
| 項目を検索する | Ctrl + F | 53 |
| アイコンの表示形式を変更する | Ctrl + Shift + 1 ( ～ 8 ) | 54 |
| 新しいフォルダーを作成する | Ctrl + Shift + N | 54 |
| 前のフォルダー表示に戻る | Alt + ← | 55 |
| 戻る前のフォルダー表示に進む | Alt + → | 55 |
| 親フォルダーに移動する | Alt + ↑ | 55 |
| プロパティを表示する | Alt + Enter | 56 |
| 項目の名前を変更する | F2 | 56 |
| ファイル名をまとめて素早く変更する | F2 → Tab | 57 |
| ファイルをごみ箱に入れる | Delete | 58 |
| 項目を完全に削除する | Shift + Delete | 58 |
| アプリを終了し、ウィンドウを閉じる | Alt + F4 | 58 |
| プレビューパネルを表示する | Alt + P | 59 |
| ウィンドウを最大化、最小化する | ⊞ + ↑ ( ↓ ) | 60 |
| ウィンドウを左半分、右半分に合わせる | ⊞ + ← ( → ) | 60 |
| 作業中のウィンドウ以外をまとめて最小化する | ⊞ + Home | 61 |
| すべてのウィンドウを最小化する | ⊞ + M | 61 |
| アドレスバーにパスを表示する | F4 | 62 |
| ダイアログボックスの入力項目を移動する | Tab ( Shift + Tab ) | 62 |
| ダイアログボックスのパネルを切り替える | Ctrl + Tab | 63 |
| ダイアログボックスで選択した内容を確定する | Enter | 63 |
| ダイアログボックスのチェックのオン／オフを切り替える | スペース | 64 |
| ダイアログボックスの入力候補を開く | F4 | 64 |
| マルチディスプレイの表示モードを選択する | ⊞ + P | 64 |
| スクリーンショットを撮影する | Alt + PrtScr | 65 |
| スクリーンショットを撮影して保存する | ⊞ + Fn + PrtScr | 65 |

| | | |
|---|---|---|
| 指定した範囲のスクリーンショットを撮影する | ⊞ + Shift + S | 66 |
| 画面を録画する | ⊞ + Alt + R | 67 |
| 「ファイル名を指定して実行」を表示する | ⊞ + R | 68 |
| セキュリティオプションを表示する | Ctrl + Alt + Delete | 68 |
| 「タスクマネージャー」を起動する | Ctrl + Shift + Esc | 68 |
| クイックリンクメニューを表示する | ⊞ + X | 69 |
| 拡大鏡を起動する | ⊞ + + | 69 |
| ナレーターをオンにする | ⊞ + Ctrl + Enter | 70 |
| アクセシビリティの設定を開く | ⊞ + U | 70 |

## 第3章　Excel

| | | |
|---|---|---|
| セルに対する操作を繰り返す | F4 | 72 |
| セル内のデータを編集する | F2 | 73 |
| セル内で改行する | Alt + Enter | 73 |
| セルをコピーする | Ctrl + C | 74 |
| コピーしたセルを貼り付ける | Ctrl + V | 74 |
| 同じデータを複数のセルに入力する | Ctrl + Enter | 75 |
| 上のセルをコピーする | Ctrl + D | 76 |
| 左のセルをコピーする | Ctrl + R | 76 |
| 上のセルの値だけをコピーする | Ctrl + Shift + 2 | 77 |
| 上のセルの数式をコピーする | Ctrl + Shift + 7 | 77 |
| 同じ列のデータ(値)をリストから入力する | Alt + ↓ | 78 |
| フラッシュフィルを利用する | Ctrl + E | 79 |
| 日付を入力する | Ctrl + ; | 80 |
| 現在時刻を入力する | Ctrl + : | 80 |
| 文章にふりがな(ルビ)を付ける | Alt → H → G → S ( Enter ) | 81 |
| ふりがな(ルビ)を編集する | Alt + Shift + ↑ | 81 |
| 合計を入力する | Alt + Shift + = | 82 |

| | | |
|---|---|---|
| セルの数式を表示する | Ctrl + Shift + @ | 83 |
| 関数のダイアログボックスを表示する | Shift + F3 | 84 |
| セルを挿入する | Ctrl + Shift + + | 84 |
| セルを削除する | Ctrl + - | 85 |
| 入力後に上のセルに移動する | Shift + Enter | 85 |
| 入力後に右のセルに移動する | Tab | 86 |
| 入力後に左のセルに移動する | Shift + Tab | 86 |
| セルA1に移動する | Ctrl + Home | 87 |
| 表の最後のセルに移動する | Ctrl + End | 87 |
| 表の端のセルに移動する | Ctrl + ↑ ( ↓ ← → ) | 87 |
| 指定したセルに移動する | Ctrl + G | 88 |
| セルの選択範囲を拡張する | Shift + ↑ ( ↓ ← → ) | 88 |
| 選択範囲の名前を作成する | Ctrl + Shift + F3 | 89 |
| セル範囲の名前を管理する | Ctrl + F3 | 89 |
| 表全体を選択する | Ctrl + Shift + : | 90 |
| 一連のデータを選択する | Ctrl + Shift + ↓ ( ↑ ← → ) | 90 |
| 列全体を選択する | Ctrl + スペース | 91 |
| 行全体を選択する | Shift + スペース | 91 |
| 「選択範囲に追加」モードにする | Shift + F8 | 92 |
| 「選択範囲の拡張」モードにする | F8 | 92 |
| 表の最後のセルまで選択する | Ctrl + Shift + End | 93 |
| 列を非表示にする | Ctrl + 0 | 94 |
| 行を非表示にする | Ctrl + 9 | 94 |
| 外枠罫線を引く | Ctrl + Shift + 6 | 95 |
| 罫線を削除する | Ctrl + Shift + \ | 95 |
| 文字に取り消し線を引く | Ctrl + 5 | 96 |
| 「セルの書式設定」ダイアログボックスを表示する | Ctrl + 1 | 96 |
| 通貨の表示形式にする | Ctrl + Shift + 4 | 97 |
| パーセント (%) の表示形式にする | Ctrl + Shift + 5 | 97 |

| | | |
|---|---|---|
| 桁区切り記号を付ける | Ctrl + Shift + 1 | 98 |
| 標準の表示形式に戻す | Ctrl + Shift + ^ | 98 |
| 表をテーブルに変換する | Ctrl + T | 99 |
| ピボットテーブルを作成する | Alt + N → V → T | 100 |
| グラフを作成する | Alt + F1 | 101 |
| フィルターを設定する | Ctrl + Shift + L | 102 |
| クイック分析を使う | Ctrl + Q | 103 |
| データを検索する | Ctrl + F | 103 |
| データを置換する | Ctrl + H | 104 |
| ワークシートを追加する | Shift + F11 | 104 |
| ワークシートを削除する | Alt → H → D → S | 105 |
| ワークシートを左右にスクロールする | Alt + Page Up ( Page Down ) | 105 |
| 前のワークシートを表示する | Ctrl + Page Up | 106 |
| 次のワークシートを表示する | Ctrl + Page Down | 106 |
| ワークシートの名前を変更する | Alt → O → H → R | 106 |
| 行・列をグループ化する | Alt + Shift + → | 107 |
| メモ (旧コメント) を挿入する | Shift + F2 | 107 |
| セルにコメントを追加する | Ctrl + Shift + F2 | 108 |
| ウィンドウ枠を固定する | Alt → W → F → F | 108 |
| クイックアクセスツールバーからショートカットを実行する | Alt + 1 ( 〜 0 ) | 109 |
| WindowsとMacのキーの対応を確認する | | 110 |

## 第4章 Word

| | | |
|---|---|---|
| 文字を中央揃えにする | Ctrl + E | 112 |
| 文字を右揃えにする | Ctrl + R | 112 |
| 文字を左揃えにする | Ctrl + L | 113 |
| 文字を両端揃えにする | Ctrl + J | 113 |
| 太字に設定する | Ctrl + B | 114 |

| | | |
|---|---|---|
| 斜体に設定する | Ctrl + I | 114 |
| 下線を引く | Ctrl + U | 114 |
| 文字を1ポイント拡大、縮小する | Ctrl + ] ( [ ) | 115 |
| フォントや色をまとめて設定する | Ctrl + D | 116 |
| 文字を均等割り付けする | Ctrl + Shift + J | 117 |
| 二重下線を引く | Ctrl + Shift + D | 118 |
| 上 (下) 付き文字にする | Ctrl + Shift + + ( - ) | 118 |
| 設定した文字書式を解除する | Ctrl + スペース | 119 |
| 設定した段落書式を解除する | Ctrl + Q | 119 |
| 1行ずつ文字を選択する | Shift + ↑ ・ ↓ | 120 |
| 1段落ずつ文字を選択する | Ctrl + Shift + ↑ ・ ↓ | 120 |
| 文字を矩形選択モードで選択する | Ctrl + Shift + F8 | 121 |
| 文字を拡張選択モードで選択する | F8 | 122 |
| 前後の段落に移動する | Ctrl + ↑ ・ ↓ | 123 |
| 特定のページに移動する | Ctrl + G | 123 |
| 文書の先頭、末尾に移動する | Ctrl + Home ・ End | 124 |
| 前後のページの先頭に移動する | Ctrl + Page Up ・ Page Down | 125 |
| 直前の編集位置へ移動する | Shift + F5 | 126 |
| 改ページする | Ctrl + Enter | 127 |
| 更新される日付を入力する | Alt + Shift + D | 128 |
| 更新される現在時刻を入力する | Alt + Shift + T | 128 |
| 著作権記号を入力する | Ctrl + Alt + C | 129 |
| アルファベットの大文字を小文字に変換する | Shift + F3 | 129 |
| 段落 (文章のまとまり) の上下を入れ替える | Alt + Shift + ↑ ・ ↓ | 130 |
| 箇条書きに設定する | Ctrl + Shift + L | 131 |
| 行間を広げる | Ctrl + 2 ・ 5 | 131 |
| 段落の行間を1行に戻す | Ctrl + 1 | 132 |
| 段落前に間隔を追加する | Ctrl + 0 | 132 |
| 表を挿入する | Alt → N → T → I | 133 |

| 表の行を選択する | Alt + Shift + End | 133 |
|---|---|---|
| 表の列を選択する | Alt + Shift + Page Down ( Page Up ) | 134 |
| 表の行、列を削除する | Alt → J → L → D → R ( C ) | 134 |
| 段落に左インデントを設定する | Ctrl + M | 135 |
| ぶら下げインデントを設定する | Ctrl + T | 135 |
| アウトライン表示に切り替える | Ctrl + Alt + O | 136 |
| 段落のアウトラインレベルを変更する | Alt + Shift + ← ( → ) | 136 |
| アウトライン表示で段落の上下を入れ替える | Alt + Shift + ↑ · ↓ | 137 |
| 見出し以下の本文を折りたたむ・展開する | Alt + Shift + - ( + ) | 138 |
| レベル1の見出しだけを表示する | Alt + Shift + 1 | 138 |
| 標準スタイルを適用する | Ctrl + Shift + N | 138 |
| 文字や段落から書式だけをコピーして貼り付ける | Ctrl + Shift + C ( V ) | 139 |
| 書式なしで文字を貼り付ける | Alt → H → V → T | 140 |
| 文書内の文字数や行数を表示する | Ctrl + Shift + G | 141 |
| スペルミスや文の間違いをチェックする | F7 | 141 |
| 文書内を検索する | Ctrl + F | 142 |
| 置換を実行する | Ctrl + H | 142 |
| 文書を印刷する | Ctrl + P | 143 |
| 印刷プレビューを表示する | Ctrl + F2 | 143 |
| 文書を分割表示にする | Ctrl + Alt + S | 144 |
| ヘッダー、フッターを編集する | Alt → N → H ( O ) → E | 145 |
| リボンを表示する | Ctrl + F1 | 146 |

## 第5章　PowerPoint

| 新しいスライドを追加する | Ctrl + M | 148 |
|---|---|---|
| スライドやオブジェクトを複製する | Ctrl + D | 148 |
| スライドのレイアウトを変更する | Alt → H → L | 149 |
| スライドのテーマを変更する | Alt → G → H | 149 |

| | | |
|---|---|---|
| 非表示スライドに設定する | Alt → S → H | 150 |
| アウトライン表示に切り替える | Ctrl + Shift + Tab | 150 |
| 次の入力エリアに移動する | Ctrl + Enter | 151 |
| 複数のオブジェクトをグループ化する | Ctrl + G | 152 |
| オブジェクトの大きさを変更する | Shift + ↑ ( ↓ ← → ) | 153 |
| オブジェクトを回転する | Alt + ← ・ → | 153 |
| オブジェクトを前面に移動する | Ctrl + Shift + J | 154 |
| オブジェクトを背面に移動する | Ctrl + Shift + Γ | 154 |
| オブジェクトを最前面に移動する | Alt → H → G → R | 155 |
| オブジェクトを最背面に移動する | Alt → H → G → K | 155 |
| テキストボックスを挿入する | Alt → N → X → H ( K ) | 156 |
| ハイパーリンクを挿入する | Ctrl + K | 157 |
| 図形を挿入する | Alt → N → S → H | 158 |
| フォントや色をまとめて設定する | Ctrl + T | 159 |
| 領域 (ペイン) 間を移動する | F6 | 159 |
| ルーラー・グリッド・ガイドを表示する | Alt + Shift + F9 ( Shift + F9 、 Alt + F9 ) | 160 |
| スライド一覧に切り替える | Alt → W → I | 161 |
| スライドショーを開始する | F5 | 161 |
| スライドショーの途中でスライドを選択する | Ctrl + S | 162 |
| 指定したスライドに移動する | 1 ( ～ 0 ) → Enter | 162 |
| スライドショーの表示を中断する | B ( W ) | 163 |
| 表示中のスライドを拡大・縮小する | Ctrl + + ・ - | 164 |
| マウスポインターをレーザーポインターに変更する | Ctrl + L | 164 |
| マウスポインターをペンに変更する | Ctrl + P | 165 |
| マウスポインターを常に表示する | Ctrl + A | 165 |
| スライドへの書き込みを消去する | E | 165 |
| 新しいプレゼンテーションを作成する | Ctrl + N | 166 |
| ヘルプを表示する | F1 | 166 |

# 第6章　Outlook

| | | |
|---|---|---|
| 新しいメールを作成する | Ctrl + Shift + M | **168** |
| メールに返信する | Ctrl + R | **168** |
| 宛先の全員にメールを返信する | Ctrl + Shift + R | **169** |
| メールを転送する | Ctrl + F | **169** |
| 入力欄を移動する | Shift + Tab or ( Tab ) | **170** |
| 添付ファイルを選択し開く | Shift + Tab | **170** |
| メールを送信する | Ctrl + Enter | **171** |
| 受信トレイに切り替える | Ctrl + Shift + I | **171** |
| 送信トレイに切り替える | Ctrl + Shift + O | **171** |
| メールを操作し開く | ↑ ・ ↓ → Enter | **172** |
| メールのウィンドウを閉じる | Esc | **172** |
| 別ウィンドウで前後のメールを表示する | Ctrl + < ・ > | **173** |
| メールを削除する | Ctrl + D | **173** |
| 作成中のメールのフォントサイズを変更する | Ctrl + ] ・ [ | **174** |
| メールを未読にする | Ctrl + U | **175** |
| メールを既読にする | Ctrl + Q | **175** |
| 新着メールを確認する | Ctrl + M | **176** |
| メールをアーカイブに移動する | Back space | **176** |
| メールを印刷する | Ctrl + P | **176** |
| メールの検索ボックスに移動する | Ctrl + E | **177** |
| ダイアログボックスを開いてメールを検索する | Ctrl + Shift + F | **177** |
| Outlookの表示モードを切り替える | Ctrl + 1 （ Alt + ← ）<br>Ctrl + 2 （ Alt + → ） | **178** |
| 各種フォルダーへ移動する | Ctrl + Y | **179** |
| メールを別のウィンドウで開く | Ctrl + O | **179** |
| 予定を作成する | Ctrl + Shift + A | **180** |
| 予定表の表示形式を切り替える | Ctrl + Alt + 1 （ 〜 4 ） | **180** |

15

| | | |
|---|---|---|
| 前後の週に移動する | Alt + ↑・↓ | 181 |
| 前後の月に移動する | Alt + Page Up・Page Down | 181 |
| 特定の日数の予定表を表示する | Alt + 1 ( ～ 0 ) | 182 |
| 指定した日付の予定表を表示する | Ctrl + G | 182 |
| 会議の出席依頼をする | Ctrl + Shift + Q | 183 |
| メールの返信から会議の出席依頼を表示する | Ctrl + Alt + R | 183 |
| 連絡先を追加する | Ctrl + Shift + C | 184 |
| アドレス帳を開く | Ctrl + Shift + B | 184 |
| タスクを追加する | Ctrl + Shift + K | 185 |
| タスクを完了する | Insert | 186 |
| メールや連絡先にフラグを設定する | Ctrl + Shift + G | 186 |

## 第7章　ブラウザ

| | | |
|---|---|---|
| 新しいタブを開く | Ctrl + T | 188 |
| タブを閉じる | Ctrl + W | 188 |
| ブラウザを終了する | Alt + F4 or Ctrl + Shift + W | 188 |
| タブを切り替える | Ctrl + Tab | 189 |
| 前 (左側) のタブに順に切り替える | Ctrl + Shift + Tab | 189 |
| 1つ左、右のタブに移動する | Ctrl + Page Up・Page Down | 190 |
| 特定のタブに切り替える | Ctrl + 1 ( ～ 8 ) | 190 |
| 一番右のタブを表示する | Ctrl + 9 | 190 |
| 最後に閉じたタブを再度開く | Ctrl + Shift + T | 191 |
| 新しいウィンドウを開く | Ctrl + N | 192 |
| シークレットウィンドウを開く | Ctrl + Shift + N | 192 |
| InPrivateウィンドウを開く | Ctrl + Shift + N | 193 |
| アドレスバーを選択する | Alt + D | 193 |
| アドレスバーにフォーカスする | Ctrl + K | 194 |
| アドレスバーのURLを選択する | Ctrl + L | 194 |

| | | |
|---|---|---|
| アドレスバーから予測候補を削除する | ↓ → Shift + Delete | 195 |
| サイドバーで検索する | Ctrl + Shift + E | 195 |
| ページを戻る・進む | Alt + ← ・ → | 196 |
| ホームページに戻る | Alt + Home | 196 |
| 全画面表示にする | F11 | 197 |
| ページ内をキーワード検索する | F3 ( Ctrl + F ) | 197 |
| ページ内の最上部、最下部に移動する | Home ・ End | 198 |
| クリック可能な項目を移動する | Tab | 198 |
| ページを再読み込みする（更新する） | F5 | 199 |
| ページの読み込みを停止する | Esc | 199 |
| ページ表示を拡大／縮小する | Ctrl + + ・ - | 200 |
| ページ表示を元の倍率に戻す | Ctrl + 0 | 200 |
| 1画面分だけ上下にスクロールする | Page Up ・ Page Down | 201 |
| ページをブックマーク（お気に入り）に登録する | Ctrl + D | 201 |
| ブックマークバーの表示／非表示を切り替える | Ctrl + Shift + B | 202 |
| 開いているタブすべてをブックマーク登録する | Ctrl + Shift + D | 202 |
| Webページを印刷する | Ctrl + P | 203 |
| 表示しているページを保存する | Ctrl + S | 203 |
| 設定を開く | Alt + F | 204 |
| デベロッパーツールを表示する | Ctrl + Shift + I | 204 |
| 履歴画面を表示する | Ctrl + H | 205 |
| 閲覧履歴を削除する | Ctrl + Shift + Delete | 205 |
| 音声での読み上げを開始／停止する | Ctrl + Shift + U | 206 |
| ダウンロード画面を表示する | Ctrl + J | 206 |
| パソコンのファイルを指定のブラウザで開く | Ctrl + O | 207 |
| Edge Copilotを起動する／閉じる | Ctrl + Shift + . | 207 |

# キーボード配列図
## ～キーの構成～

◆修飾キー
キーの種類の1つです。他のキーと組み合わせることで、一時的に文字の変更や実行を担うキーのことです。Shift、Ctrl、Fn、■、Alt、▤ などの特定のキーが当てはまります。

コントロール（特殊）キー
単独または他のキーと組み合わせて使用できるキーです。修飾キー（◆※ページ上部参照）と呼ばれているキーもあります。

文字（英数字）キー
主に文字を入力するときに使用されるキーです。

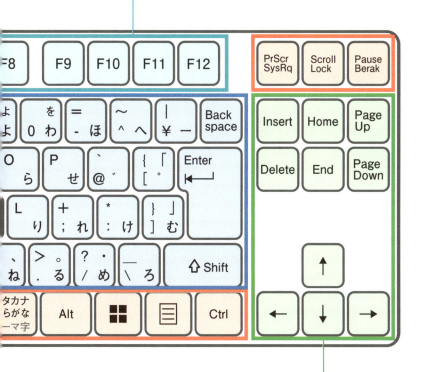

# キーボード配列図
## 〜コントロールキーの役割〜

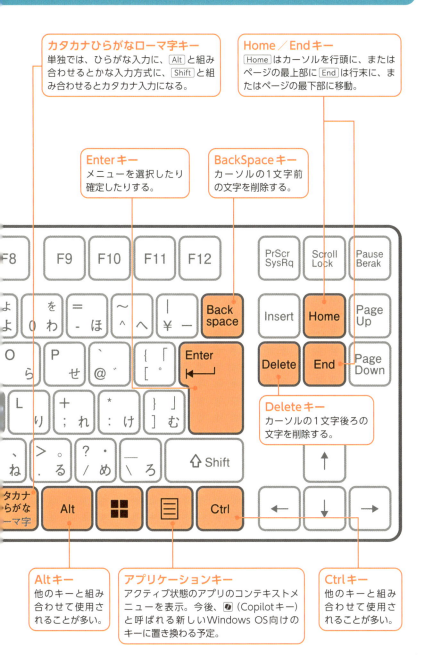

# パソコンによるキーボードの違い
## ～本書でのキーボード～

実際のキーボードは使用するパソコンやキーボードの仕様によって配列が異なっていたり、キー自体がないことがあります。
本書では比較的汎用性が高く、ショートカットの技も素早く行える、フルサイズのキーボードから[Num Lock]・テンキー・[Fn]を省略した上記のキー配列で解説を行っております。
ノートパソコン、デスクトップパソコンでよく利用されている固有のキーについては右ページをご参照ください。

### ファンクションキーの種類

[F1]：ヘルプを表示
[F2]：ファイルやフォルダーの名前変更
[F3]：検索
[F4]：ウィンドウのアドレスバーを表示
[F5]：ブラウザの更新
[F6]：ひらがなに変換示

[F7]：カタカナに変換
[F8]：半角カタカナに変換
[F9]：全角アルファベットに変換
[F10]：半角アルファベットに変換
[F11]：ウィンドウの全画面表示
[F12]：名前を付けて保存

## ～ノートパソコンのキーボード～

### テンキー
多くのノートパソコンにはテンキーがありません。テンキーがない場合は、Fn と Num Lock を押すことで緑色部分のキーがテンキーの代わりになり、数字を入力できます。テンキーがある場合は、Num Lock を押すことでテンキーの数字入力が可能になります。なお、Num Lock は無かったり、他のキーと共通であったりする場合があります。

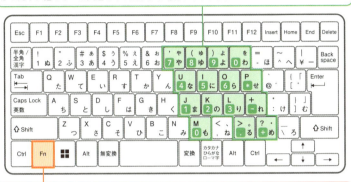

### Fnキー
ノートパソコンの機種によっては、ファンクションキーが単独で機能しないことがあります。その場合は、Fn と組み合わせて押しましょう。

## ～デスクトップパソコンのキーボード～

### NumLockキー
単独で押すことでオン／オフを切り替えられます。オンの場合は、通常の入力状態に戻りテンキーで0～9の数字入力ができます。オフの場合は、テンキーに記載してある数字の下のピンク色の部分を入力できます。

### テンキー
フルサイズのキーボードであれば右側に備え付けられています。主に、デスクトップパソコンのキーボードに搭載されていますが、一部のサイズの大きなノートパソコンにもあります。

※Macのキーボードの対応についてはP.110を参照してください。

## ショートカット一覧PDFについて

本書の購入者にはいつでも学習ができる『ショートカット一覧PDF』ファイルが特典として付きます。『ショートカット一覧PDF』は本書の目次から切り出したファイルです。「できること」と「ショートカットキー」をぎゅっと集めて一覧で見ることができる最小の対応表と言えます。

印刷したり、パソコンのデスクトップに追いたり、スマートフォンに入れておき外出先で確認したりと、様々に使っていただくことができます。『ショートカット一覧PDF』が手元にあれば、少ない労力で簡単に見返せます。仕事を徹底的に速くする最強の仕事術を効率的に身に付けてください。

## ショートカット一覧PDFのダウンロード方法

以下のURLやQRコードからダウンロードしてください。

### ショートカット一覧PDFのダウンロード

https://www.sbcr.jp/support/4815617866/

上記のURLを入力してWebページを開き、パスワードを入力することでデータをダウンロードすることができます。

**パスワードにつきましては上記URLのWebページ内に記載がございます。**正しいパスワードを入力し、「確定」をクリックするとダウンロードできるリンクが表示されます。なお、**パスワードは大文字、小文字も認識します。**お間違えのないようにご注意ください。

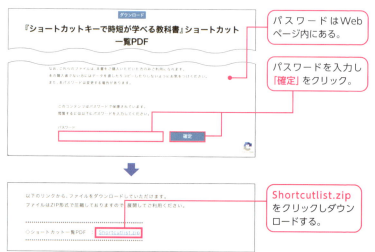

パスワードはWebページ内にある。

パスワードを入力し「確定」をクリック。

Shortcutlist.zipをクリックしダウンロードする。

第 1 章

# 共通コマンド

― 基本操作 ―

# 項目をコピーする

選択した項目をクリップボード※に記録します。記録した項目は好きなタイミングで貼り付け（下参照）できます。一部のアプリでは、Ctrl+Insertでコピーします。

**COLUMN** Ctrl+Cのコピーと Ctrl+Vの貼り付け（下参照）は、**ショートカットキーの基本中の基本の動作です**。ショートカットキーに不慣れな方は、まずはこの2つを使いこなすことから始めるとよいでしょう。これをマスターしたら、Ctrl+Xの切り取り（P.27参照）や Ctrl+Aの全選択（P.28参照）など、よく使う動作のショートカットキーを中心に幅を広げていきましょう。

― 基本操作 ―

# 項目を貼り付ける

コピーや切り取りでクリップボードに記録した項目はCtrl+Vで貼り付けられます。一部のアプリでは、Shift+Insertで貼り付けます。

コピーしたり、切り取ったりした項目を Ctrl+Vでラクラク貼り付け。

※クリップボード…一時的にデータ（テキスト、画像、ファイルなど）を保存するためのメモリ領域です。ユーザーが「コピー」や「切り取り」操作を行うと、そのデータがクリップボードに保存されます。

### 基本操作

# 項目を切り取る

切り取りとはコピーと同様にクリップボードに記録することですが、**コピー元が削除されます**。貼り付けももちろんできるので、安心して使いましょう。

項目を切り取ると、切り取った項目は削除されるが、データはクリップボードに保存される。

### 基本操作

# クリップボードの履歴を表示する

クリップボードに記録した項目の履歴が一覧で表示されます。履歴から項目を選択すると再度貼り付けられます。
なお、この機能は、Windows 10のバージョンを2018年10月に配布された「1809」以降にし、「設定」画面の「システム」→「クリップボード」を選択して「クリップボードの履歴」をオンにする必要があります。

**COLUMN** Ctrl+Vの場合、直前にコピーしていたものしか貼り付けられません。■+Vを使えば、**過去にコピーした項目の履歴を呼び出せます**。複数のテキストを何度も貼り付けたいとき、相当な時短効果が望めるでしょう！

**基本操作**

# すべての項目を選択する

ファイルやフォルダー、文字、セルなど、選択できる項目をすべて選択した状態にします。Aは「All（すべての）」のAと覚えるとわかりやすいです。

Ctrl+Aで、選択できる項目すべてを選択した状態にする。複数のファイルをまとめてコピーしたいときや削除したいときに便利。

**基本操作**

# 複数の項目を選択する

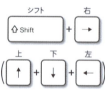 

隣接するファイルやフォルダーなどのデータを、矢印キーで移動しながらまとめて選択した状態にします。

Shift+矢印キーで、移動しながら複数の項目を選択した状態にする。

**基本操作**

# ファイルを上書き保存する

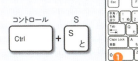

アプリで開いているファイルを「上書き保存」します。「**Save（保存する）」のSと覚えるとわかりやすい**です。まだ保存していないファイルは「名前を付けて保存」になります。

**COLUMN** データの作成中は、「上書き保存」を定期的に行いましょう。例えば、作業中に突然停電が起きてしまい、パソコンの電源が切れてしまったといったとき、保存をしていないとそれまでの作業はすべて無駄になってしまいます。最近のアプリでは、データ復旧機能が付いているものもありますが、こまめに保存して自分のデータを守りましょう。

**基本操作**

# ファイルを「名前を付けて保存」する

「上書き保存」せずに保存前のデータを残しつつ、今作成しているファイルを保存したい場合は、「名前を付けて保存」して、別名のファイルとして管理しましょう。

F12 を押すと「名前を付けて保存」ダイアログボックスが表示されるので、保存先を設定し、ファイル名を入力して、Enter を押そう。

> **基本操作**

# 操作を元に戻す

間違えて文字を消してしまった、操作を間違えたといったときは、Ctrl+Zを押して直前の操作を元に戻しましょう。**ファイルを削除してしまった場合でも元に戻せます。** 大変便利です。

間違えて文字を消してしまっても、Ctrl+Zで消す前に戻せる。

> **基本操作**

# 元に戻した操作をやり直す

Ctrl+Zで元に戻した操作をCtrl+Yでやり直すことができます。元に戻す必要がなかった場合に使うことが多いです。Ctrl+Zを何度も押すと押した分、前の操作に戻りますが、戻したかった状態を通り過ぎてしまった場合に、順送りできます。

**COLUMN**

Ctrl+Zの元に戻すとCtrl+Yのやり直すは、**使う頻度がかなり高い便利なショートカットです**。特に、Ctrl+Zは間違った操作をすぐに戻せる、かなり便利な操作なので、覚えておいて損はありません。セットで覚えるようにしましょう。

### 基本操作

## ファイルを開く

起動しているアプリの「開く」ダイアログボックスを表示することができます。アプリ内で別のファイルを開きたいときに使いましょう。Oは「Open（開く）」のOです。

### 基本操作

## 新規ウィンドウを開く／ファイルを作成する

エクスプローラーで新規に別ウィンドウを開きます。Officeソフトでは、新しいファイルを作成します。「New（新しい）」のNと覚えるとわかりやすいです。

### 基本操作

## ファイルを印刷する

「印刷」のアイコンや「ファイル」タブの「印刷」をクリックしなくても、印刷画面を表示できます。「Print（印刷する）」のPと覚えるとわかりやすいです。

**基本操作**

# コンテキストメニューを表示する

Shift + F10 を押すと、右クリックから行える操作がメニューとして一覧表示されるコンテキストメニューが表示されます。**キーボードの操作中だった場合は、マウスに持ち替える手間がかかりません。**

デスクトップ上のファイルを選択し、Shift + F10 を押すとコンテキストメニューが表示される。

WordやExcel、PowerPointでもコンテキストメニューをすぐに表示できる。

**COLUMN** Windows 11の場合、よく使用される操作がコンパクトにまとめられたコンテキストメニューが表示されます。使用したい操作が見当たらない場合は、コンテキストメニューの一番下の「その他のオプションを表示」をクリックするか、Wをクリックして詳細なメニューを表示しましょう。

### 入力

# ローマ字入力とかな入力を切り替える

キーボードに印字されたひらがなで入力する「かな入力」と、英語のローマ字で入力する「ローマ字入力」を切り替えることができます。

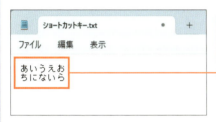

1行目が「ローマ字入力」。2行目が「かな入力」。同じキーを押しても入力される文字が異なる。
この機能を使用するためには、「設定」画面から「かな入力」をオンに切り替える。

### 入力

# アルファベットを大文字に固定する

通常、大文字を入力したい場合は、Shiftを押しながらローマ字のキーを押して入力しますが、すべて大文字で入力する場合は、Shift+Caps Lockを押すことで、大文字に固定できます。

1行目が小文字。2行目が大文字。
大文字の固定を解除したいときは、もう一度Shift+Caps Lockを押す。

### 入力

# カタカナに変換する

入力した文字を簡単に全角カタカナに変換します。なお、F8 を押すと半角カタカナに変換されます。

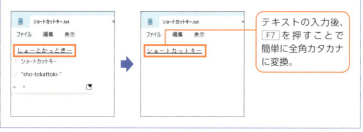

テキストの入力後、F7 を押すことで簡単に全角カタカナに変換。

### 入力

# 英数字に変換する

入力した文字を簡単に半角英数字に変換します。なお、F9 を押すと全角英数字に変換されます。

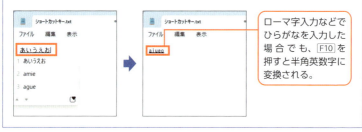

ローマ字入力などでひらがなを入力した場合でも、F10 を押すと半角英数字に変換される。

## 入力

# 挿入／上書き入力を切り替える

インサート

「上書き入力」とは、文字を入力するときに、**すでに入力された文字を上書きするモード**です。上書きされた文字は削除されることになります。

Insertを押し、上書きモードの状態で文章の途中から入力。

その後ろの文章が上書きされる。

## 入力

# 変換を取り消す

エスケープ

文字入力のミスや目的の変換候補がない場合は、Escで**変換を取り消し**ましょう。変換を取り消したあとに**もう一度**Escを押すと、**入力自体を取り消します**。

1回目のEscで変換の取り消し、2回目のEscで入力の取り消しができる。

## 行頭に移動する

現在**カーソルが置かれた行の先頭にカーソルを移動させます**。わざわざ←を何度も押すよりも速く移動できます。

Home で、行の途中にあったカーソルが瞬時に行頭へ移動する。

## 1文字ずつ選択する

選択したい範囲をマウスでドラッグする選択方法もありますが、**キーボードを使うと1文字ずつ選択できます**。↑・↓を押すと、行単位で選択します。

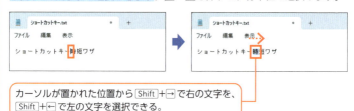

カーソルが置かれた位置から Shift + → で右の文字を、Shift + ← で左の文字を選択できる。

### 入力

# 前の単語の先頭にカーソルを移動する

英文などスペースで区切られた文章を入力しているとき、[Ctrl]+[←]を押すと単語の先頭にカーソルを移動できます。[Ctrl]+[→]で次の単語の先頭に移動できます。

> スペースで区切られた単語の先頭にカーソルを移動させる。なお、スペースは全角、半角どちらでも構わない。

### 入力

# 行末まで選択範囲を拡張する

カーソルが置いてある位置から行末までを選択できます。長い文章を入力しているときに、前半部分を残して後半部分を編集したい場合などに役立つでしょう。

> [Shift]+[End]で現在のカーソルの位置から行末までをラクラク選択できる。

### 入力

# 行頭まで選択範囲を拡張する

カーソルが置いてある位置から行頭までを選択できます。本文の後半部分を残して、前半部分を編集したい場合などに役立つでしょう。

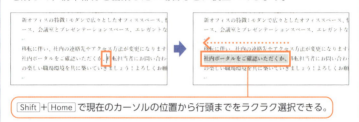

Shift + Home で現在のカーソルの位置から行頭までをラクラク選択できる。

### 入力

# 音声入力を起動する

音声入力ができるようになります。音声入力の起動後は、マイクアイコンをクリックすることで入力を開始します。

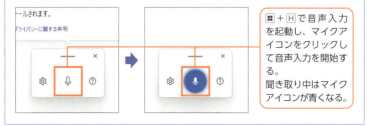

■ + H で音声入力を起動し、マイクアイコンをクリックして音声入力を開始する。
聞き取り中はマイクアイコンが青くなる。

## 入力

### 絵文字パネルを開く

ウィンドウズ  ．
■ + ＞

絵文字やGIF、顔文字、記号が一覧表示される絵文字パネルを表示できます。絵文字パネル内の任意の絵文字をクリックすると、文章に入力されます。

■ + ．で絵文字パネルが表示される。スクロールすると、GIFや顔文字、記号も確認できる。

## 入力

### IMEを切り替える

ウィンドウズ　スペース
■ + ［　　　］

使用しているパソコンに複数のIMEが搭載されている場合は、■ + スペース を押すことで切り替えることができます。元のIMEに戻したいときは、もう一度 ■ + スペース を押してください。

**COLUMN** IMEとは文字入力システムのことで、Windows 10、Windows 11では「**Microsoft IME**」Macでは「**日本語入力プログラム**」という日本語入力システムが標準搭載されています。他にも「**ATOK**」「**Google日本語入力**」などがあります。

## 入力

# 辞書登録する

**入力する頻度の多い、名前や会社名などの単語は Ctrl + F10 → D で登録しましょう。**変換候補に優先的に表示されるようになります。

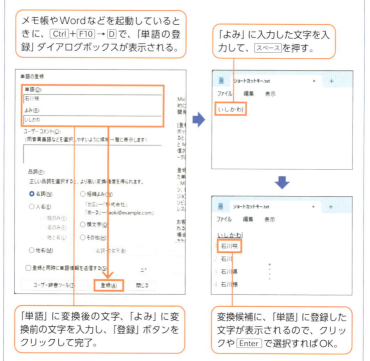

メモ帳やWordなどを起動しているときに、Ctrl + F10 → D で、「単語の登録」ダイアログボックスが表示される。

「よみ」に入力した文字を入力して、スペースを押す。

「単語」に変換後の文字、「よみ」に変換前の文字を入力し、「登録」ボタンをクリックして完了。

変換候補に、「単語」に登録した文字が表示されるので、クリックや Enter で選択すればOK。

その他　　　　　　　　　　　　　　　　　　　　　　　　Copilot

# Copilotを起動する/閉じる

Copilotとは、Windows 10やWindows 11で使える、AIアシスタントツールです。⊞ + Cで起動できます。**Cは「Copilot」のCと覚えるとわかりやすい**です。

> ⊞ + CでCopilotが起動し、画面の右側にプロンプト（Copilotへの指示のこと）の入力欄が表示される。

---

その他　　　　　　　　　　　　　　　　　　　　　　　　Copilot

# 入力したプロンプトを改行する

プロンプトを入力中にEnterを押すと、プロンプトが送信されてしまいます。**改行したい場合は、Shift + Enterを押してください。**この方法は箇条書きしたいときに役立ちます。

> Copilotは箇条書きの文章にも対応している。プロンプトの入力中に改行したいときはShift + Enterを押す。

### その他

# 表示された入力候補を入力する

**Copilot**

プロンプトの入力中、入力候補が薄く表示されます。入力候補で確定したいときは、Tabを押すことで、入力の手間を省けます。

---

### その他

# 表示された入力候補を拒否する

**Copilot**

入力候補は高頻度で表示されます。入力の邪魔になっている場合は、Escを押すことで入力候補を拒否できます。拒否された入力候補は表示されなくなります。

---

### その他

# プロンプトを送信する

**Copilot**

プロンプトの入力を終えたら、Enterを押すだけでプロンプトを送信できます。

第 **2** 章

# Windows

基本操作

# スタートメニューを表示する

スタートメニューが表示されます。 Ctrl + Esc でも同様の操作が可能です。

キーボードの⊞を押す。

スタートメニューが表示される。再度⊞を押すと閉じる。

**COLUMN** ショートカットキーでスタートメニューを開いたら、アプリの選択と起動も、キーボードから行いましょう。アプリ一覧のメニューの項目は↑・↓で選択し、Enter でアプリを起動することができます。階層になっている場合には、Enter を押してその下の階層を開きましょう。

### 基本操作

## デスクトップを表示する

開いているすべてのウィンドウを一気に最小化し(タスクバーにしまい)、デスクトップを表示します。再度⊞+Dを押すと、最小化したウィンドウが元に戻ります。

⊞+Dを押す。

開いているウィンドウがすべて最小化され、デスクトップが表示される。

### 基本操作

## パソコン内とネットをまとめて検索する

「Windows Search」というパソコンの検索メニューが表示されます。キーワードを入力してアプリ、ドキュメント、フォルダー、画像などを探し出せます。

**基本操作**

# タスクバーからアプリを起動する

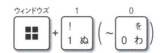

タスクバーにピン留めしているアプリを起動できます。デフォルトのアプリを除いて、左から何番目のアプリかを①〜⓪の数字キーで選択します。

ここでは⊞+②を押す。

タスクバーの左から2番目の「Microsoft Edge」アプリが起動する。

**COLUMN** タスクバーによく使うアプリをピン留めしておくことで、ショートカットでのアプリの立ち上げが一瞬になります。なお、⊞+Tabを押すと、現在開いているアプリのタスクビューが表示されます（P.48参照）。矢印キーで選択し、Enterを押すと選択したアプリが開きます。

## 基本操作

## アプリやウィンドウを順に切り替える

起動中のアプリやウィンドウが一覧で表示されます。Altを押したままTabを押して選択し、Altを離すと選択した画面が表示されます。

Altを押しながらTabを押す。

アプリやウィンドウが表示される。Tabを押して切り替えて、Altを離し画面を開く。

## 基本操作

## パソコンをロックする

ロック状態にすると、サインインの操作を行わない限り、Windowsの操作をすることができません。Lは「Lock」のLと覚えるとわかりやすいです。

**COLUMN** パソコンは機密情報の塊です。どのように情報が漏れてしまうかわかりません。社内・社外問わず、席を外す際には、ロックをかけましょう。ロックを解除するには、サインイン画面で設定しているパスワードを入力することで、ロックする前の状態で画面が起動します。

**基本操作**

## タスクビューを表示する

⊞を押しながら[Tab]を押すことで、簡単に起動中のすべてのウィンドウを一覧で表示できます。

⊞を押しながら[Tab]を押す。

タスクビューが表示される。[Tab]で領域を切り替えて、矢印キーで選択し[Enter]で画面を表示する。

**COLUMN**　過去にウィンドウを開いていたアプリの履歴も表示されます。過去に開いていたアプリを選択して起動すると、最後に保存した状態でアプリが起動します。また、追加したデスクトップも見ることができます（P.49参照）。

**基本操作**

## 設定画面を表示する

どの画面の状態からでも、「設定」アプリのホーム画面が表示されます。表示後は[Tab]と矢印キーで項目を選択できます。

### 基本操作

## デスクトップを追加する

⊞ + Ctrl + D を押すことで、デスクトップが1つずつ追加されます。追加されたデスクトップは、デフォルトで「デスクトップ（数字）」と表示されます。

⊞ + Ctrl + D を押す。 / デスクトップが追加される。

### 基本操作

## デスクトップを切り替える

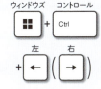 

デスクトップを切り替えるには、⊞ + Ctrl + ← （→）を押します。←では数字が小さくなり→では数字が大きくなります。

「デスクトップ1」で⊞ + Ctrl + → を押す。 / 「デスクトップ1」から「デスクトップ2」に切り替わる。

**基本操作**

# 追加したデスクトップを閉じる

デスクトップは制限なく追加できます。不要になったデスクトップは、■ + Ctrl + F4 を押して閉じます。閉じたデスクトップで開いていたアプリは、数字の小さいデスクトップに移動していきます。

「デスクトップ2」で ■ + Ctrl + F4 を押す。

「デスクトップ2」が閉じて、「デスクトップ1」に切り替わる。

■ + Tab を押し、アプリをドラッグ&ドロップする。

**COLUMN** 起動中のアプリを追加した他のデスクトップに移動するには、まず ■ + Tab でタスクビュー (P.48参照) を開きます。現在開いているデスクトップのアプリを移動したいデスクトップまでマウスでドラッグ&ドロップすると、アプリが移動します (右上参照)。

基本操作

## クイック設定を表示する

クイック設定が表示されます。Tabと矢印キーで設定したいアイコンを選択しEnterで確定可能なので、マウスでクリックする手間を省けます。

> Tabで領域を切り替えて、矢印キーで選択し、Enterで実行する。
> ネットワーク、音量、明るさなどの設定を確認、変更可能。
> なお、Windows 10では通知なども表示される。

基本操作

## 通知パネルを開く

通知パネルが表示されます。⊞+Nを押せば簡単に通知を確認することができるため、マウスでクリックする手間を省けます。

> Tabで領域を切り替えて、矢印キーで選択し、Enterで実行する。

**基本操作**

# ウィジェットパネルを開く

ウィジェットパネルが表示され、ニュースや天気などの情報を確認できます。Ｗは「Widget」のWと覚えるとわかりやすいです。

▉+Ｗを押すと、ウィジェットパネルが開かれる。

**基本操作**

# スナップレイアウトへのクイックアクセス

スナップレイアウト※機能です。デスクトップ上のどこにウィンドウを配置させるかを選択できます。

▉+Ｚを押すと、スナップレイアウトが表示される。

矢印キーで配置場所を選択しEnterでウィンドウが配置される。

※スナップレイアウト…画面上でウィンドウを整理しやすくするための機能です。この機能を使うと、複数のアプリケーションウィンドウを画面の特定の位置に自動的に配置することができます。

`ファイル・フォルダー`

## エクスプローラーを起動する

エクスプローラーが起動します。保存したファイルやフォルダーの確認などが可能です。

■+Eを押す。　　エクスプローラーが起動する。

---

`ファイル・フォルダー`

## 項目を検索する

エクスプローラーを開いた状態でCtrl+Fを押すと、検索ボックスにカーソルが移動します。検索したいキーワードを入力して、エクスプローラー内のファイルなどを探せます。

ファイル・フォルダー

## アイコンの表示形式を変更する

フォルダーやファイル、画像などの表示形式を変更できます。表示形式は押す数字によって異なります。

ここでは Ctrl + Shift + 1 を押す。

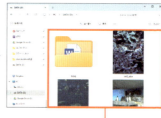

表示形式が「特大アイコン」に変更される。

**COLUMN** 表示形式は「特大アイコン」「大アイコン」「中アイコン」「小アイコン」「一覧」「詳細」「並べて表示」「コンテンツ」の8種類です。

---

ファイル・フォルダー

## 新しいフォルダーを作成する

現在開いているフォルダー内に新しいフォルダーが作成されます。ブラウザを開いている場合は、閲覧履歴や検索履歴が保存されないシークレットウィンドウやプライベートウィンドウが起動します。

> ファイル・フォルダー

`11` `10`

# 前のフォルダー表示に戻る

エクスプローラーを開いた状態で[Alt]+[←]を押すと、直前に表示していたフォルダーに戻ります。押した分だけフォルダーが戻り、[Back space]でも同様に操作が可能です。

> ファイル・フォルダー

`11` `10`

# 戻る前のフォルダー表示に進む

エクスプローラーを開いた状態で、前のフォルダー表示に戻ったあとに[Alt]+[→]を押すと、戻る前に表示していたフォルダーに進みます。

> ファイル・フォルダー

`11` `10`

# 親フォルダーに移動する

エクスプローラーを開いた状態で[Alt]+[↑]を押すと、現在位置しているフォルダーの1つ上の階層に移動します。

> ファイル・フォルダー

## プロパティを表示する

ファイルやフォルダーを選択して Alt + Enter を押すと、サイズや作成日時、更新日時が確認できるプロパティが表示できます。

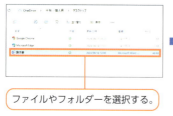 

ファイルやフォルダーを選択する。

プロパティが表示される。

> ファイル・フォルダー

## 項目の名前を変更する

デスクトップやエクスプローラー上でファイルやフォルダーを選択し、F2 を押すと名前を編集できます。

ファイルやフォルダーを選択し、F2 を押すと名前が編集できるようになる。名前を編集し、Enter を押して確定。

ファイル・フォルダー

# ファイル名をまとめて素早く変更する

複数のファイル名をまとめて変更したい場合は、F2 で編集できる状態にし Tab で確定することで、毎回ファイルを選択することなく、次々とファイル名を変更していくことができます。

ファイルを選択し、F2 を押してファイル名を編集する。

Tab を押して確定すると、自動的に次のファイルの名前の編集が可能になる。この操作を繰り返す。

複数のファイルを選択し、F2 を押して、名前を変更する。
Enter を押して確定すると、**選択したすべてのファイルの名前が変更され、並び順で連番が入力される。**

最初にここを選択

### ファイル・フォルダー

## ファイルをごみ箱に入れる

デリート

不要になったファイルやフォルダーは Delete を押して削除します。削除したデータは、ごみ箱に移動します。なお、ごみ箱内のデータは、一定期間保存されます。

---

### ファイル・フォルダー

## 項目を完全に削除する

シフト　デリート

データを完全に削除したい場合は、 Shift + Delete を押すことで、ごみ箱に移動されることなく、パソコンから削除されます。なお、注意メッセージが表示されます。

---

### ファイル・フォルダー

## アプリを終了し、ウィンドウを閉じる

オルト　F4

ウィンドウを開いている状態で、 Alt + F4 を押すとアプリを終了し、ウィンドウが閉じます。「×」（閉じる）ボタンをクリックするより素早く閉じることができます。

ファイル・フォルダー

## プレビューパネルを表示する

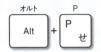

Alt+Pでエクスプローラーにプレビューパネルを表示すると、選択しているファイルの内容がプレビューで表示されます。Pは「Preview」のPです。

ファイルやフォルダーを選択し、Alt+Pを押す。

エクスプローラーの右側にプレビューパネルが表示され、ファイルの内容を確認可能。
他のファイルを選択すると、プレビューの内容が切り替わる。

**COLUMN** 過去のファイルを整理しているときや、ファイルの内容を忘れてしまったときに、**逐一ファイルを起動して確認するのは、時間がかかるうえ、手間です。Alt+Pを押して、エクスプローラー内のプレビューパネルを常に開いた状態にし、ファイルの内容を確認しましょう。**ファイルを選択すると、選択したファイルの内容に切り替わります。再度Alt+Pを押すと、プレビューパネルが閉じます。

**ウィンドウの操作**

# ウィンドウを最大化、最小化する

開いているウィンドウは、⊞ + ↑で最大化、⊞ + ↓で最小化して、クリックせずにウィンドウの大きさを切り替えることができます。

⊞ + ↑・↓で「最小」「通常サイズ」「最大」を段階で切り替えることができる。ショートカットキーを覚えれば、**アプリ右上の「□」(拡大)、「－」(縮小) ボタンをクリックする必要はない。**

---

**ウィンドウの操作**

# ウィンドウを左半分、右半分に合わせる

ウィンドウを左右で分割表示したいとき、マウスは必要ありません。⊞ + ←・→を押せば、素早く分割表示させることができます。

移動したいウィンドウを選択し、⊞ + ←を押すと、ウィンドウが左に、⊞ + →を押すと、右に移動する。

### ウィンドウの操作

## 作業中のウィンドウ以外をまとめて最小化する

作業中のウィンドウ以外を最小化したいときは⊞＋[Home]を押しましょう。作業中のウィンドウ以外をまとめて最小化できます。再度押すことで、戻すことができます。

⊞＋[Home]を押す。

作業中のウィンドウ以外がすべて最小化する。

### ウィンドウの操作

## すべてのウィンドウを最小化する

すべてのウィンドウを最小化したい場合は、⊞＋Mを押します。

**COLUMN** 最小化したすべてのウィンドウを元に戻したい場合は、⊞＋[Shift]＋Mで元に戻せます。

- ウィンドウの操作

## アドレスバーにパスを表示する

エクスプローラーを開いた状態で F4 を押すと、過去に表示したフォルダーの履歴が表示されます。履歴からすぐにフォルダーを探せます。

F4 を押すと、フォルダーの履歴が表示される。
↓・↑で履歴を選択し、Enter で確定してフォルダーに移動。

- ダイアログボックス

## ダイアログボックスの入力項目を移動する

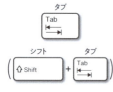

ダイアログボックスを操作する際は、Tab または Shift + Tab を押して、項目ボタンを移動します。クリックして選択する必要はありません。

ダイアログボックスで、Tab を押すと、入力項目や設定項目を移動できる。
Shift + Tab を押すと、下から上に項目が移動する。

### ダイアログボックス

## ダイアログボックスのパネルを切り替える

11　10

コントロール　タブ
Ctrl + Tab

複数のタブがある場合、Ctrl + Tab を押すことで、タブを移動できます。簡単に画面を切り替えて入力などの操作が可能です。

> ダイアログボックスで、Ctrl + Tab を押すと、タブを移動できる。
> Ctrl + Shift + Tab で切り替えの順番が逆になる。

### ダイアログボックス

## ダイアログボックスで選択した内容を確定する

11　10

エンター
Enter

ダイアログボックスで入力や操作が完了したら、Enter で確定しましょう。ダイアログボックスが閉じます。

> プロパティの入力や確認作業が終わったら、Enter を押す。

> ダイアログボックスが閉じる。

> ダイアログボックス

## ダイアログボックスのチェックのオン／オフを切り替える

チェックボックスにチェックを付ける際に Enter を押すと「確定」になってしまいます。Tab でチェックボックスを選択し（P.62参照）、スペース でチェックを行いましょう。

> ダイアログボックス

## ダイアログボックスの入力候補を開く

プルダウンメニューがあるダイアログボックスの設定項目では、F4 を押すと選択候補が表示されます。↓・↑で候補を選択し、Enter を押すと確定できます。

> 画面

## マルチディスプレイの表示モードを選択する

外部モニターやプロジェクターにパソコン画面を写したいときは、■ + P を押すと、アクションセンターの「表示」が表示されます。矢印キーで表示モードを選択し Enter で確定します。

画面

## スクリーンショットを撮影する

アクティブ状態のウィンドウのみが撮影され、クリップボードに記録できます。クリップボードは様々なアプリから使用でき、そのまま他の場所に貼り付けが可能です。

画面

## スクリーンショットを撮影して保存する

全画面がキャプチャされ、画像ファイルとして保存できます。なお、[Fn]は、ノートパソコン以外のキーボードには存在しない場合があります。その際は、上記の[Alt]+[PrtScr]やP.66の[⊞]+[Shift]+[S]を使いましょう。

[⊞]+[Fn]+[PrtScr]でスクリーンショットを撮影する。

エクスプローラーの「ピクチャ」フォルダー内の「スクリーンショット」フォルダーに保存される。

**画面**

# 指定した範囲のスクリーンショットを撮影する

⊞ + Shift + Sを押すと画面が暗くなり、「四角形モード」「ウィンドウモード」「全画面表示」「フリーフォームモード」の4つのモードからスクリーンショットを撮れます。

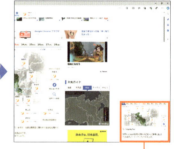

⊞ + Shift + Sを押すと、Snipping Toolが表示される。ここでは「四角形モード」で撮影したい範囲をドラッグして選択する。

クリップボードにスクリーンショットが記録されるため、そのままCtrl + Vで貼り付けることができる。

**COLUMN** P.65で解説した⊞ + Fn + PrtScrと、ここで解説した⊞ + Shift + Sのスクリーンショットのショートカットキーは、保存される場所や、撮影モードが異なります。それぞれ使い分けることで、作業を高速化できます。また、設定されている撮影モードは、⊞ + Shift + Sを押したあとに、Snipping Toolで現在設定されているモードをクリックすると、4つのモードが表示されるので、クリックして選択します。

画面

# 画面を録画する

Windowsに標準搭載されている画面録画機能を開始できます。再度 ■ + Alt + R を押すと、録画が停止します。なお、最前面で表示しているアプリの画面のみが録画されます。

録画したいウィンドウやアプリを開き、■ + Alt + R を押すと、録画が開始される。

エクスプローラーの「ビデオ」フォルダー内の「キャプチャ」フォルダーに保存される。

**COLUMN** 録画に外部音声を入れたい場合は、■ + Alt + M を押します。マイクがオンになり、音声が録音されます。再度 ■ + Alt + M を押すと、オフになります。

> **システム**

## 「ファイル名を指定して実行」を表示する

11　10

⊞ + R を押すと、「ファイル名を指定して実行」画面が開き、開きたいアプリやドキュメント名などを入力することで、すぐに画面上に開けます。

---

> **システム**

## セキュリティオプションを表示する

11　10

Ctrl + Alt + Delete を押すと、セキュリティオプション画面が表示されます。パソコンをロックしたりユーザーを切り替えたりすることができます。

---

> **システム**

## 「タスクマネージャー」を起動する

11　10

「タスクマネージャー」の「プロセス」タブが開かれます。タスクマネージャーでは、パソコンの負荷現況や動作中のプログラムの確認ができる画面です。

> システム

11　10

## クイックリンクメニューを表示する

クイックリンクメニューとは、パソコンの設定やデバイスマネージャーなどWindowsの設定や管理などを確認できるようまとめられたメニューです。

> システム

11　10

## 拡大鏡を起動する

拡大鏡を使用すると、画面の一部を拡大・縮小して、テキストなどを読みやすくすることができます。

■ + + で拡大鏡が起動する。■ + + を押した分だけ、さらに画面が拡大されていく。
■ + - を押すと、画面が縮小される。

**その他**

## ナレーターをオンにする

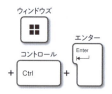

⊞ + Ctrl + Enter を押すとナレーター機能が有効になります。再度押すと、ナレーターが終了します。

⊞ + Ctrl + Enter でナレーター機能が表示される。
画面上のテキストやボタン、実行中の操作などがすべて音声で読み上げられる。

---

**その他**

## アクセシビリティの設定を開く

パソコンのアクセシビリティ機能では、視覚や聴覚などが不自由なユーザーのために視覚や聴覚以外でパソコンの情報を獲得できるように設定できます。

⊞ + U で「設定」アプリのアクセシビリティ画面が表示される。
テキストの大きさや、配色、字幕などの設定を変更可能。Windows 10でも11と同様に設定を変更できる。

第 **3** 章

# Excel

操作の繰り返し

365 | 2021 | 2019 | 2016

# セルに対する操作を繰り返す

罫線の追加やセルの色変更など、同じ操作を繰り返すのは手間がかかります。**F4 を押せば、同じ操作を他のセルにも簡単に適用することができます。**

事前にセルに対して繰り返したい動作をしておく。ここでは、番号が入ったセルに色を付けている。

別のセルを選択した状態で F4 を押すと、そのセルに対して1つ前に行った操作と同じ挙動が適用される。ここでは、上の画面と同様にセルに色が付いた。

**COLUMN** 　上記の例以外にも、セル内の文字のフォントやフォントサイズの変更、罫線の追加など、様々な操作を反復することができます。操作を繰り返したいときは、F4 を押すことを覚えておきましょう。

### データ入力

365 | 2021 | 2019 | 2016

## セル内のデータを編集する

通常、セルを選択しただけでは編集モード(入力状態)にすることはできず、マウスでダブルクリックする必要があります。**F2を使うことで、すぐに編集モードに入れます。**

> セルを選択してF2を押すと、内容を編集できる。入力のやり直しもキーボードだけで簡単に行える。

> 入力が完了したら、Enterで確定する。Enterを押したら下のセルへと移動できる。

---

### データ入力

365 | 2021 | 2019 | 2016

## セル内で改行する

改行しようとしてEnterを押し、1つ下のセルに移動してしまった経験はありませんか? Excelでセル内で改行したい場合は、Alt + Enterを押しましょう。

> セル内で改行するときはAlt + Enterを使う。

**データ入力**

365　2021　2019　2016

## セルをコピーする

Excelで Ctrl + C を押すセルをコピーできる定番のショートカットキーです。また、セルのデータだけでなく、書式などのすべての情報がコピーされます。次に紹介する Ctrl + V もあわせて覚えておきましょう。

**COLUMN**　セルのコピーは、セル内のデータ（値）だけでなく、セルに設定されている書式や装飾も一緒にコピーします。一方、セル内のデータだけを選択してコピーした場合は、データのみが貼り付けられます。書式や装飾をコピーしたくない場合は、まず F2 を押して編集モードに入り、その後コピーすれば、データのみを貼り付けることができます。

**データ入力**

365　2021　2019　2016

## コピーしたセルを貼り付ける

コピーと同様、貼り付け（ペースト）の Ctrl + V も定番のショートカットキーです。コピーしたセル内のデータ（値）だけでなく、セルに設定されている書式や装飾も一緒に貼り付けられます。

コピーしたセルは、別のワークシートやブックに貼り付けることもできる。

> データ入力

`365` `2021` `2019` `2016`

# 同じデータを複数のセルに入力する

事前に同じデータを入力したいセルを、Ctrlを押しながら複数選択しておきます。その後、選択したセルの1つにデータを入力し、Ctrl + Enterを押すと、すべての選択したセルに同じデータが入力されます。

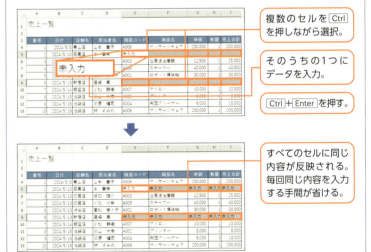

複数のセルをCtrlを押しながら選択。

そのうちの1つにデータを入力。

Ctrl + Enterを押す。

すべてのセルに同じ内容が反映される。毎回同じ内容を入力する手間が省ける。

**COLUMN**　同じデータを入力するためにCtrl + Cでコピーし、Ctrl + Vで貼り付けるのは、入力箇所が多くなるほど面倒です。Ctrl + Enterで一気に入力すれば、煩わしさを避けることができます。単純作業を減らし、よりクリエイティブなタスクに時間を使いましょう。

> データ入力

365 2021 2019 2016

# 上のセルをコピーする

上のセルをコピーする場合、コピー&ペーストは不要です。代わりに、[Ctrl]+[D]を押すと、すぐに上のセルをそのままコピーできます。ここでの[D]は、「Down（下へ）」を示しています。

[Ctrl]+[D]で上のセルの内容を簡単にコピーできる。

> データ入力

365 2021 2019 2016

# 左のセルをコピーする

左のセルのコピーも[Ctrl]+[R]で行え、作業効率を向上できます。ここでの[R]は、「Right（右へ）」を示しています。

[Ctrl]+[R]で左のセルのデータ（値）だけでなく、書式や装飾もそのままコピーできる。

### データ入力

365 2021 2019 2016

# 上のセルの値だけをコピーする

上のセルの値だけをコピーする場合、Ctrl + Shift + 2を使います。このショートカットキーは、**コピー元が数式であっても、その数式の計算結果の値がコピーされます。**書式は必要なく、値のコピーだけを表の外に置きたいときなどに活用します。

> コピー元は数式だが、コピー先は数値に変わっている。

### データ入力

365 2021 2019 2016

# 上のセルの数式をコピーする

上のセルの数式をそのままコピーする場合、Ctrl + Shift + 7を使います。このショートカットキーはCtrl + Dとは違い、**数式のセルの参照先が変更されません。**上で紹介したCtrl + Shift + 2の「上のセルの計算結果だけコピーする」と使い分けると、より効果的に作業を行うことができます。

**COLUMN** Ctrl+Dでは貼り付け先に合わせて自動的に参照先が切り替わるため、表の作り替えなどで数式をそのままコピーしたい場面には適していません。参照先も全部そのままコピーしたい場合は、Ctrl+Shift+7を使います。状況に応じてこの2つのショートカットキーを使いこなしましょう。

> データ入力

`365` `2021` `2019` `2016`

# 同じ列のデータ (値) をリストから入力する

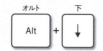

Alt + ↓ を押すと、**同じ列に入力している値のリストを呼び出して入力できます**。なお、この操作は1つ上のセルが空白だった場合はリストが表示されません。

セルの入力情報のリストは、書式などは設定されず値のみとなる。

リストを呼び出したら、↑・↓で選択し、Enter で入力する。

**COLUMN**　この操作は、「男」「女」といった性別、「10代」「20代」「30代」といった年代など、同じ値を繰り返し入力するような名簿作りに役立ちます。リストを活用してスムーズに入力作業を行いましょう。

データ入力

365 2021 2019 2016

# フラッシュフィルを利用する

$\boxed{\text{Ctrl}}$ + $\boxed{\text{E}}$ で使用できる**フラッシュフィルは、データの規則性を見つけ出し、自動的に入力してくれる便利な機能です**。オートフィル※機能よりも便利な場面があるので、下記の例で紹介します。

「姓」の列に先頭の名前の姓を入力し、$\boxed{\text{Ctrl}}$ + $\boxed{\text{E}}$ を押す。

「氏名」の列の姓と名の間が空いているため、自動的にExcelが「姓のみを入力」と判断し、すべての姓が入力された。

**COLUMN** フラッシュフィルは、他にも様々な使い方があります。例えば、「@○○.com」などの形式でメールアドレスを入力し、$\boxed{\text{Ctrl}}$ + $\boxed{\text{E}}$ を押すと、すべてのメールアドレスからドメイン部分のみが抜き出されます。オートフィルとフラッシュフィルを組み合わせて使いこなすことで、1〜2時間かかるような作業も格段に効率がアップします。ショートカットを覚えてしまいましょう。

※オートフィル…セルの内容を自動的に拡張して、連続データやパターンを素早く入力する機能です。

## 日付を入力する

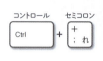

`Ctrl` + `;` を押すと、作成日を手打ちせずに「2000/0/0」の形式で入力することができます。

> セルを選択して `Ctrl` + `;` を押すと、入力した当日の日付が入力される。

> TODAY関数ではないため、自動で日付は更新されない。データ作成日のメモとして活用するとよい。

---

## 現在時刻を入力する

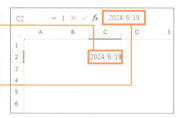

`Ctrl` + `:` を押すと、その瞬間の時刻が「00:00」の形式で入力されます。なお、自動で時刻は更新されません。

> セルを選択して `Ctrl` + `:` を押すと、入力したそのときの時刻が入力される。

> NOW関数ではないため、自動で時刻は更新されない。データ作成時刻のメモとして活用するとよい。

### データ入力

365 | 2021 | 2019 | 2016

# 文章にふりがな(ルビ)を付ける

難しい漢字や通常読みではない名前など、読み方がわかりづらい文字がある場合は、ふりがな(ルビ)を付けるとよいでしょう。ふりがなを付けたいセルを選択し、[Alt]→[H]→[G]→[S](または[Enter])の順に押すと、文字の上にふりがなが表示されます。

 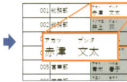

[Alt]→[H]→[G]→[S](または[Enter])の順に押すと、選択したセルにふりがなが表示される。

---

### データ入力

365 | 2021 | 2019 | 2016

# ふりがな(ルビ)を編集する

自動で付けられたふりがな(ルビ)が正しくない場合や修正したい場合は、[Alt]+[Shift]+[↑]を押して編集できます。

> [Alt]+[Shift]+[↑]を押すと、選択したセルのふりがなを修正できる。修正が完了したら[Enter]を押す。

**COLUMN** セルの上でもう一度[Alt]→[H]→[G]→[S]の順に押すと、ルビを非表示にできます。

**数式**

365　2021　2019　2016

# 合計を入力する

Alt + Shift + = を押すと、選択したセルに隣接している数値データを自動的に検出し、合計を計算して入力されます。複数のセルを選択しておくと、一度に合計を計算して入力することができます。

| 在庫数 | 仕入れ価格 | 販売価格 | 利益 |
|---|---|---|---|
| 50 | 150 | 200 | 60 |
| 30 | 100 | 160 | 250 |
| 20 | 500 | 750 | 150 |
| 40 | 300 | 450 | 500 |
| 10 | 1000 | 1500 | 0 |
|  |  |  | =SUM(G4:G8) |

合計を入力するセルを選択して Alt + Shift + = を押すと、SUM関数が挿入される。参照先のセル範囲が合っているか確認しよう。

| 在庫数 | 仕入れ価格 | 販売価格 | 利益 |
|---|---|---|---|
| 50 | 150 | 200 | 60 |
| 30 | 100 | 160 | 250 |
| 20 | 500 | 750 | 150 |
| 40 | 300 | 450 | 500 |
| 10 | 1000 | 1500 | 0 |
|  |  |  | 960 |

そのまま Enter を押すと、合計の数値が表示される。

**COLUMN**　あらかじめ複数の入力するセルを選択しておき、Alt + Shift + = を押すと、選択したすべてのセルにSUM関数が挿入されます。合計となるセル範囲もすべて自動的に検出してくれるため、請求書や見積書、商品在庫数や売上総額など、あらゆる資料の作成に便利です。テンプレート作成や入力作業が格段にスピードアップするので、ぜひ覚えておきましょう。

**数式**

## セルの数式を表示する

`365` `2021` `2019` `2016`

Ctrl + Shift + @ を押して数式を表示することで、**各セルにどのような数式が入力されているかがすぐにわかります。数式の入っていないセルは、そのままデータ（値）が表示されます。**

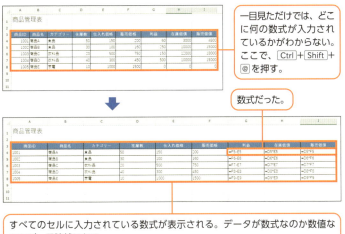

一目見ただけでは、どこに何の数式が入力されているかがわからない。ここで、Ctrl + Shift + @ を押す。

数式だった。

すべてのセルに入力されている数式が表示される。データが数式なのか数値なのかが一目瞭然になる。

**COLUMN** Excelのデータ入力を他人から引き継いだ場合、数式なのか数値なのかが一目でわからないことがあります。データ更新時に誤って数値で上書きしてしまうと、問題が発生する可能性があります。Excelの共同作業では、**セルのデータを確認してから編集する習慣を身に付けましょう。**

## 関数のダイアログボックスを表示する

通常は「fx」(関数の挿入)をクリックしてダイアログボックスを開きますが、Shift + F3 を押して直接ダイアログボックスを開くことで、よりスピーディーに数式の内容や数値を編集できます。

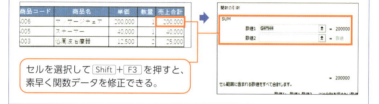

セルを選択して Shift + F3 を押すと、素早く関数データを修正できる。

## セルを挿入する

Ctrl + Shift + + を押すと、「挿入」ダイアログボックスが表示され、セルを挿入できます。「行全体」または「列全体」を選択すると、行または列に1列分のセルが挿入されます。

挿入したい位置のセルを選択した状態で Ctrl + Shift + + を押すと、「挿入」ダイアログボックスが表示されるので、挿入方法を選択する。

**セルの挿入・削除**

## セルを削除する

365 | 2021 | 2019 | 2016

Ctrl + - を押すと、「削除」ダイアログボックスが表示され、セルを削除できます。「行全体」または「列全体」を選択すると、行または列単位で削除できます。

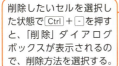

削除したいセルを選択した状態で Ctrl + - を押すと、「削除」ダイアログボックスが表示されるので、削除方法を選択する。

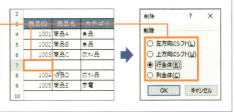

---

**セルの移動**

## 入力後に上のセルに移動する

365 | 2021 | 2019 | 2016

セルを編集したあと、Shift + Enter で上のセルに移動できます。**下から上にセルを編集しているときなどに便利**です。下のセルに移動する Enter と使い分けましょう。

セルのデータを入力後に Shift + Enter を押すと、上のセルに移動できる。

85

**セルの移動**

365　2021　2019　2016

# 入力後に右のセルに移動する

セルを編集したあと、[Enter]を押すと下のセルに移動しますが、[Tab]を押すと右のセルに移動できます。なお、→でも右のセルに移動できますが、下の項目のCOLUMNで違いを解説します。

セルのデータを入力後に[Tab]を押すと、右のセルに移動できる。

---

**セルの移動**

365　2021　2019　2016

# 入力後に左のセルに移動する

セルを編集したあと、[Enter]を押すと下のセルに移動しますが、[Shift]+[Tab]を押すと左のセルに移動できます。[Tab]での右のセルに移動とセットで覚えましょう。

**COLUMN**　矢印キーではなく、ショートカットキーで様々な方向への移動がマスターできれば、上下左右自由な方向に連続して入力できるようになります。また、範囲選択しているときに矢印キーを押すと範囲選択が解除されてしまいますが、[Tab]や[Shift]+[Tab]、[Enter]や[Shift]+[Enter]を使用すれば、範囲選択したまま範囲内を順に移動できます。

### セルの移動

## セルA1に移動する

365　2021　2019　2016

Excelのファイルを開くと、保存時に選択されていたセルにカーソルが置かれた状態になっています。**他人に送付するファイルは、Ctrl + Homeを押してカーソルをセルA1に移動させてから保存する**ようにしましょう。

### セルの移動

## 表の最後のセルに移動する

365　2021　2019　2016

数値の合計などの結果は、表の最後のセルに入力されていることが多いです。Ctrl + Endを押して表の最後のセルに移動すれば、すぐに結果を確認できます。

### セルの移動

## 表の端のセルに移動する

365　2021　2019　2016

セルを選択してCtrl + 矢印キーを押すと、矢印の方向へ数値が入力されている端のセルまで移動できます。途中で空白のセルがあった場合は、その手前のセルで止まります。

### セルの移動

`365` `2021` `2019` `2016`

# 指定したセルに移動する

[Ctrl]+[G]を押すと「ジャンプ」ダイアログボックスが表示され、セルの番号の入力後に[Enter]を押すと、そのセルに移動できます。例えば「K3を参照」などの記述があったときに便利に使えます。

> [Ctrl]+[G]で「ジャンプ」ダイアログボックスが表示される。参照先にセルの番号を入力して、[Enter]を押す。

> 名前を定義したセルにも移動が可能で、[Alt]+[S]を押すと、「メモが付いているセル」など、より詳細なセルを参照して移動できる。

---

### セルの選択範囲

`365` `2021` `2019` `2016`

# セルの選択範囲を拡張する

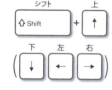

選択したセルを拡張したいときには、[Shift]+矢印キーを使用します。選択範囲が足りなかった場合などに、選択範囲を解除して再度選択し直す必要がなくなります。

> 広範囲な選択をした際に「選択範囲があと1行足りなかった」というときに便利。

88

**セルの選択範囲**

365 2021 2019 2016

# 選択範囲の名前を作成する

Ctrl + Shift + F3 を押すと、選択範囲に名前を付けることができます。数式だけではそのデータが何を表しているかわかりづらいですが、選択範囲に名前を付けることで直感的に理解しやすくなります。

名前を付けたい範囲を選択し、Ctrl + Shift + F3 を押すと、「選択範囲から名前を作成」ダイアログが表示される。名前に設定する値を選択し、Enter を押す。

**セルの選択範囲**

365 2021 2019 2016

# セル範囲の名前を管理する

Ctrl + F3 を押すと、ワークブック内のすべての名前付き範囲が一覧で確認できます。また、ダイアログボックス内の「新規作成」から、新しく選択範囲の名前を作成することも可能です。

「名前の管理」ダイアログボックスでは、どの名前がどの範囲を指しているかを一目で確認できる。ここから名前の編集や削除が行える。

**セルの選択範囲**

365　2021　2019　2016

# 表全体を選択する

[Ctrl]+[Shift]+[:]を押すと、**セルにデータが入力されている部分まで表全体を選択できます**。なお、表は1つしか選択されませんが、表の途中に空白セルがあっても、データが入力されているセルまで選択されます。

**セルの選択範囲**

365　2021　2019　2016

# 一連のデータを選択する

表の1行・1列のみを選択したいという場合に、[Ctrl]+[Shift]+矢印キーを使用します。**途中で空白のセルがあると、直前のセルで止まります**。表の作成・編集に便利に使えます。

選択したい行・列の端のセルを選択し、[Ctrl]+[Shift]+矢印キーを押すと、連続するデータのセルの行・列が一気に選択される。

**COLUMN**　わざわざマウスをドラッグすることなく、特定の行や列に変更を加えたい場合に便利なショートカットキーです。

> セルの選択範囲

365 2021 2019 2016

# 列全体を選択する

セルを選択したあと、Ctrl+スペースを押すことで、そのセルが含まれる列全体をすべて選択できます。さらに、**選択後にShift+←・→を使用すれば、選択範囲を横方向に拡張する**こともできます。

> セルを選択し、Ctrl+スペースでそのセルの列全体を選択できる。

> セルの選択範囲

365 2021 2019 2016

# 行全体を選択する

セルを選択したあと、Shift+スペースを押すことで、そのセルが含まれる行全体をすべて選択できます。さらに、**選択後にShift+↑・↓を使用すれば、選択範囲を縦方向に拡張する**こともできます。

> セルを選択し、Shift+スペースでそのセルの行全体を選択できる。

この操作は日本語入力がオンになっていると選択できない。列全体の選択は、日本語入力がオンになっていても可能。

## 「選択範囲に追加」モードにする

365　2021　2019　2016

セルを選択したあと、Shift + F8 を押すことで、セル範囲を追加できる「**選択範囲に追加**」モードになります。セル範囲を追加で選択することができるので、複数のデータからグラフなどを作成する際に便利です。

| あらかじめ Ctrl + Shift + 矢印キーで行・列を選択して、「選択範囲に追加」モードにする。 | 他の行・列も同様に選択すれば、離れたセルも簡単に選択できる。 |

| 3 | 商品ID | 商品名 | カテゴリー | 在庫数 | 仕入れ価格 | 販売価格 | 利益 | 在庫価値 | 販売価値 |
|---|---|---|---|---|---|---|---|---|---|
| 4 | 1001 | 商品A | 食品 | 50 | 150 | 200 | 60 | 3000 | 4800 |
| 5 | 1002 | 商品B | 食品 | 30 | 100 | 160 | 250 | 10000 | 15000 |
| 6 | 1003 | 商品C | 衣料品 | 20 | 500 | 750 | 150 | 12000 | 18000 |
| 7 | 1004 | 商品D | 衣料品 | 40 | 300 | 450 | 500 | 10000 | 15000 |
| 8 | 1005 | 商品E | 家電 | 10 | 1000 | 1500 | 0 | 0 | 0 |

| 3 | 商品ID | 商品名 | カテゴリー | 在庫数 | 仕入れ価格 | 販売価格 | 利益 | 在庫価値 | 販売価値 |
|---|---|---|---|---|---|---|---|---|---|
| 4 | 1001 | 商品A | 食品 | 50 | 150 | 200 | 60 | 3000 | 4800 |
| 5 | 1002 | 商品B | 食品 | 30 | 100 | 160 | 250 | 10000 | 15000 |
| 6 | 1003 | 商品C | 衣料品 | 20 | 500 | 750 | 150 | 12000 | 18000 |
| 7 | 1004 | 商品D | 衣料品 | 40 | 300 | 450 | 500 | 10000 | 15000 |
| 8 | 1005 | 商品E | 家電 | 10 | 1000 | 1500 | 0 | 0 | 0 |

---

**セルの選択範囲**

## 「選択範囲の拡張」モードにする

365　2021　2019　2016

F8 を押すと「**選択範囲の拡張**」モードになり、矢印キーを押すだけでセルの選択範囲を拡張できます。再度 F8 を押すと、通常のモードに戻ります。多くの行や列を追加選択する場合に使用しましょう。

**セルの選択範囲**

365 | 2021 | 2019 | 2016

# 表の最後のセルまで選択する

セルを選択し、Ctrl + Shift + End を押すと、表の右下の端（セルにデータが入力されている部分）までが選択状態になります。

> セルを選択して、Ctrl + Shift + End を押すと、表の最後まで選択できる。

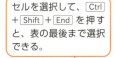

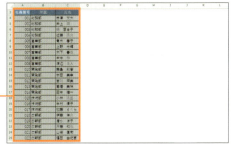

> 表の途中から選択すれば、それ以前のセルは選択されない。

**COLUMN** あらかじめ選択範囲を指定しておけば、Tab を使って移動する際に、その範囲内で自動的に折り返してくれます。P.87で解説した「表の最後のセルに移動する Ctrl + End に、Shift を加えると、範囲全体を選択できる」と覚えておきましょう。

**行と列**

`365` `2021` `2019` `2016`

# 列を非表示にする

`Ctrl` + `0` を押すと、**選択したセルを含む列を非表示にできます**。特定の箇所だけを表示し、データを削除することなく他を隠したい場合に便利です。

ここでは「C」の列を `Ctrl` + `0` で非表示にした。

---

**行と列**

`365` `2021` `2019` `2016`

# 行を非表示にする

`Ctrl` + `9` を押すと、**選択したセルを含む行を非表示にできます**。

ここでは「6」と「7」の行を `Ctrl` + `9` で非表示にした。

94

罫線

365 2021 2019 2016

# 外枠罫線を引く

Ctrl + Shift + 6 を押すと、**選択したセルの周りに外枠罫線を引くことができます**。複数のセルを選択している場合、選択範囲全体の外枠に罫線が引かれ、セルのまとまりを視覚的に強調できます。

外枠罫線を引きたいセルを選択し、Ctrl + Shift + 6 を押すと、選択したセルの外枠に罫線が引かれる。

**COLUMN** ツールバーや「セルの書式設定」から罫線を引くこともできますが、Ctrl + Shift + 6 では一瞬で線が引けるため、表作成のスピードが格段にアップします。

---

罫線

365 2021 2019 2016

# 罫線を削除する

Ctrl + Shift + \ を押すと、選択しているセルやセル範囲の周りの罫線を削除できます。セル内のデータや色などはそのまま残るため、罫線のみを消したい場合に便利です。

### 書式

365 | 2021 | 2019 | 2016

## 文字に取り消し線を引く

Ctrl + 5 を押すと、**選択したセルに取り消し線を引くことができます**。セル内のデータは削除されず、あくまで無効であることや削除される可能性があることを示す印として利用できます。

セルを選択し、Ctrl + 5 を押すと、選択範囲内のすべてのセルに取り消し線が引かれる。

---

### 書式

365 | 2021 | 2019 | 2016

## 「セルの書式設定」ダイアログボックスを表示する

Ctrl + 1 を押すと、「**セルの書式設定**」ダイアログボックスが表示され、セルの表示形式やフォントのスタイルやサイズなどを設定できます。

セルを選択し、Ctrl + 1 を押すと、「セルの書式設定」ダイアログボックスが表示される。

**COLUMN** 複数のセルを選択した状態で Ctrl + 1 を押すと、選択したセルすべてに設定が適用されます。

**書式**

365 | 2021 | 2019 | 2016

# 通貨の表示形式にする

Ctrl + Shift + 4 を押すと、**選択したセルの数値が通貨の表示形式になり、数値の前に「¥」が付加されます**。さらに、桁区切りも自動的に適用されます。

数値の前に「¥」が付き、自動で桁区切りもされるため、一目で通貨のデータであることが確認できる。

| 4 | 1月 | 5000000 |
| 5 | 2月 | 4500000 |
| 6 | 3月 | 4800000 |
| 7 | 4月 | 5200000 |
| 8 | 5月 | 4700000 |
| 9 | 6月 | 5300000 |
| 10 | 7月 | 5500000 |
| 11 | 8月 | 5100000 |
| 12 | 9月 | 4900000 |

➡

| 4 | 1月 | ¥5,000,000 |
| 5 | 2月 | ¥4,500,000 |
| 6 | 3月 | ¥4,800,000 |
| 7 | 4月 | ¥5,200,000 |
| 8 | 5月 | ¥4,700,000 |
| 9 | 6月 | ¥5,300,000 |
| 10 | 7月 | ¥5,500,000 |
| 11 | 8月 | ¥5,100,000 |
| 12 | 9月 | ¥4,900,000 |

---

**書式**

365 | 2021 | 2019 | 2016

# パーセント(%)の表示形式にする

Ctrl + Shift + 5 を押すと、**小数で表示されているデータをパーセント表示に変更できます**。このショートカットキーでは、小数点以下の値を適切に四捨五入してパーセント表示に変換してくれます。

四捨五入を自動で行って、切りのよいパーセントの数値で表示してくれる。なお、表示が変わるだけで元のデータに変化はない。

| 18 | -0.1 |
| 22 | 0.222 |
| 25 | 0.136 |
| 19 | -0.24 |
| 23 | 0.211 |
| 24 | 0.043 |
| 21 | -0.125 |
| 20 | -0.048 |
| 22 | 0.1 |

➡

| 18 | -10% |
| 22 | 22% |
| 25 | 14% |
| 19 | -24% |
| 23 | 21% |
| 24 | 4% |
| 21 | -13% |
| 20 | -5% |
| 22 | 10% |

**書式**

365 2021 2019 2016

# 桁区切り記号を付ける

`Ctrl`+`Shift`+`1`を押すと、**選択したセルの数値に桁区切り記号の「,」を3桁ごとに付けられます**。桁の大きい数値も、桁を区切ることでわかりやすくなります。

数値が大きいデータも、桁区切りを入れることで見やすくなる。

---

**書式**

365 2021 2019 2016

# 標準の表示形式に戻す

通貨やパーセントなど、様々な表示形式が混在していて見づらくなってしまった場合は、`Ctrl`+`Shift`+`^`を押すことで、**セルの表示形式をリセットできます**。意図せずコピーされた単位の標準化にも使えます。

**COLUMN** お金に関するデータでは通貨の表示形式、割合や比率に関するデータではパーセントの表示形式を使うのが一般的です。これらの表示形式に変更する方法とあわせて表示形式をリセットする方法も覚えておくと、数値の表示処理が手早くこなせるようになります。

データ分析

365 2021 2019 2016

# 表をテーブルに変換する

選択したセルを含む範囲をテーブルに変換するには、Ctrl + T を押します。**テーブルに変換することで、データの並べ替えや絞り込みなどが簡単に行える「フィルター」が使用できるようになります。**

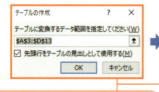

セルを選択し、Ctrl + T を押すと、「テーブルの作成」ダイアログボックスが表示される。参照先を確認して Enter を押すと、テーブルが作成される。

テーブル

テーブルでは、データの絞り込みに便利なフィルター機能が使用できる。左の画面では、売上額が500万円以上のデータのみが表示されるように設定した。

**COLUMN**　テーブルでは、フィルター機能によって様々なデータの並べ替えや絞り込みを行えます。また、テーブルに変換した状態での印刷も可能で、必要なデータを絞り込んだテーブルを資料として活用することもできます。

> データ分析

365 | 2021 | 2019 | 2016

# ピボットテーブルを作成する

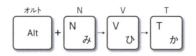

Alt + N → V → T の順に押すと、選択したセルを含む範囲で**ピボットテーブルを作成**できます。ピボットテーブルは**データの集計や分析に便利**な機能で、複雑なデータから重要な情報を抽出しやすくなります。

Alt + N → V → T を押すと「テーブルまたは範囲からのピボットテーブル」ダイアログボックスが表示され、配置場所や分析の有無を指定して Enter を押す。

ピボットテーブルの画面では、フィールドに表のデータを入れて、参照したいデータのみを抜き出すことができる。

**COLUMN**　ピボットテーブルは、データ量が多い場合や特定の情報を集計・分析したい場合に効果的です。例えば、年間の各支店の売上データから、「7月の東京支店の各商品の売上だけを見たい」という場合に、ピボットテーブルを使用すると便利です。適切な項目を「フィルター」「列」「行」「値」に配置することで、ピボットテーブルにデータがきれいに表示されます。

データ分析

365 2021 2019 2016

# グラフを作成する

`Alt`+`F1`を押すと、選択したセルを含む表から簡単に**グラフを作成できます**。売上の推移や各商品の売上比較を他者に共有する場合、グラフ化することで視覚的にわかりやすくなります。

グラフ化したい表やセル範囲を選択し、`Alt`+`F1`を押すと、グラフが作成される。

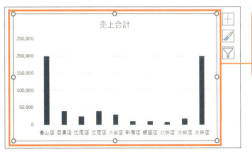

棒グラフで表示される。`Alt`→`J`→`C`→`C`でグラフの種類を変更することもできる。

データ分析

**365** **2021** **2019** **2016**

# フィルターを設定する

フィルター機能では、**必要なデータのみを抽出したり、データを昇順や降順に並べ替えたりすることができます。**  Ctrl + Shift + L を使って、データを素早く整理しましょう。

Ctrl + Shift + L で、選択しているセルを含む表にフィルターを設定できる。設定したフィルターでは、並べ替えやデータの抽出が行える。

**COLUMN** フィルターを設定することで、データの抽出や昇順・降順の並べ替えなど、様々なタスクに活用できます。例えば、商品管理であれば売上のランキング作成、事務であれば項目ごとの名簿整理などに役立ちます。

- データ分析 -

365 2021 2019 2016

## クイック分析を使う

クイック分析機能では、**選択したデータから自動的に条件付き書式やグラフ、テーブルなど、適切な形式を提案してくれます**。ここでのQは、「Quick」の「Q」を示しています。

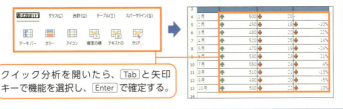

クイック分析を開いたら、Tabと矢印キーで機能を選択し、Enterで確定する。

- 検索・置換 -

365 2021 2019 2016

## データを検索する

Ctrl + Fを押すと、「検索」ダイアログボックスが表示され、検索したいデータが入力されているセルに素早く移動できます。

通常は「次を検索」の機能でEnterを押し、入力したデータを1つずつ検索する。

「すべて検索」をクリックすると、該当するデータを他のブックやシートからも検索して、下の一覧に表示してくれる。なお、ダイアログボックス内の「オプション」から設定を行う必要がある。

- 検索・置換

365 2021 2019 2016

# データを置換する

データを入力したあとに表記などのミスがあった場合、1つひとつ探して直すのは非常に面倒です。Ctrl + H を押して「検索と置換」ダイアログボックスを使用すれば、指定した文字に自動で置き換えてくれます。

> 検索する文字と置換後の文字を入力したら、「置換」で1つずつ、「すべて置換」ですべてを一括で変更できる。なお、「すべて置換」は同じ表記の正しいデータも置換の対象になるので、使用には注意が必要。

- その他

365 2021 2019 2016

# ワークシートを追加する

Shift + F11 を押すと、ワークシートのタブが新規で追加され、1つのウィンドウで複数のタブを切り替えながらの作業ができます。

> Shift + F11 を押すと、「Sheet○」という名前で新規のワークシートが追加される。

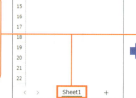
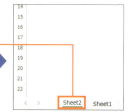

> その他

365 2021 2019 2016

# ワークシートを削除する

不要になったワークシートは、手間をかけずにスムーズに削除しましょう。削除したいワークシートを表示した状態で、Alt→H→D→Sの順に押します。

Alt→H→D→Sの順に押し、Enterを押すと、表示中だったワークシートが削除される。

> その他

365 2021 2019 2016

# ワークシートを左右にスクロールする

ワークシートの数が多い場合、Alt+PageUp・PageDownを押すことで、表示するワークシートをスムーズに切り替えられます。なお、パソコンやキーボードの種類によっては、Fnを追加しないと動作しない場合があります。

Alt+PageUpでは左のワークシートに、Alt+PageDownでは右のワークシートに移動できる。

105

### その他
### 前のワークシートを表示する

365　2021　2019　2016

Ctrl + Page Up を押すと、**左側のワークシートに移動できます**。次に紹介する Ctrl + Page Down とセットで覚えておくとよいでしょう。

### その他
### 次のワークシートを表示する

365　2021　2019　2016

Ctrl + Page Down を押すと、**右側のワークシートに移動できます**。複数のシートを作成して作業しているときに、わざわざマウスに持ち替えて操作する必要がありません。

### その他
### ワークシートの名前を変更する

365　2021　2019　2016

Alt → O → H → R を押すと、ワークシートの名前を入力・変更できます。ワークシートが増えてきたら、名前を付けてわかりやすくし、シートを探す手間を省きましょう。

### その他

365 | 2021 | 2019 | 2016

# 行・列をグループ化する

`Alt` + `Shift` + `→`を押すと、**選択したセルの行や列をまとめて折りたたむことができます**。表が大きくなってしまった場合や、一時的に情報を隠したいときに便利です。

行・列をグループ化すると、`−`をクリックすることで折りたたみ、`+`をクリックすることで展開できる。

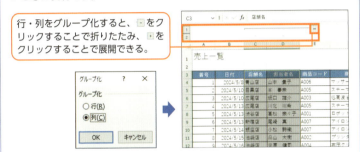

**COLUMN** 関連データをまとめてグループ化しておくと、グループごとにデータを折りたたんで見やすくすることができます。グループを解除する場合は、`Alt` + `Shift` + `←`を押しましょう。

---

### その他

365 | 2021 | 2019 | 2016

# メモ（旧コメント）を挿入する

`Shift` + `F2`を押すと、選択しているセルに補足や修正指示などを入れることができます。なお、Excelには注釈を付けられる「メモ」と、他者とスレッドでディスカッションできる「コメント」の2つの機能があります。

### その他

## セルにコメントを追加する

P.107では Shift + F2 でメモを挿入する操作を紹介しましたが、 Ctrl + Shift + F2 ではコメントを追加することができます。**他者とデータを共有している場合は、コメント機能を使用しましょう。**

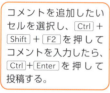

コメントを追加したいセルを選択し、 Ctrl + Shift + F2 を押してコメントを入力したら、 Ctrl + Enter を押して投稿する。

---

### その他

## ウィンドウ枠を固定する

大きなワークシートでは、 Alt → W → F → F を押して特定の行と列が常に表示されるようにすることで、上下左右にスクロールしても基準となる情報を見失わずに作業できます。

固定の基準にしたいセルを選択し、 Alt → W → F → F の順に押すと、その行と列が固定され、上下左右どちらにスクロールしても常に表示されるようになる。

**その他**

365 | 2021 | 2019 | 2016

## クイックアクセスツールバーからショートカットを実行する

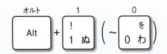

Excelでは、クイックアクセスツールバーの設定からショートカットキーを独自に追加することができます。設定方法は簡単で、クイックアクセスツールバーにコマンドを追加し、Alt + 割り当てられた数字キーを押すだけです。

> Alt → F → T の順に押して「Excelのオプション」ウィンドウを表示し、↓ で「クイックアクセスツールバー」を選択する。

> 左側の項目からショートカットキーとして追加したい操作を選択し、「追加」をクリックすると、右側に追加される。設定が完了したら「OK」をクリックする。なお、ここでは「クイック印刷」を追加した。

> 選択した項目がクイックアクセスツールバーに追加される。ここでは Alt + 1 で「クイック印刷」が実行できるようになった。

**COLUMN** デフォルトでクイックアクセスツールバーが表示されていない場合は、リボンの右上にある「クイックアクセスツールバーを表示する」をクリックして表示させましょう。ショートカットキーとあわせてクイックアクセスツールバーのカスタマイズを活用することで、業務の効率が大幅に向上します。

その他

365 2021 2019 2016

# WindowsとMacのキーの対応を確認する

WindowsとMacのキーボードにはいくつかの違いがあり、それによってショートカットキーの使い方も異なる場合があります。Macを使用している場合、実行したい操作に対応するキーをあらかじめ覚えておくとよいでしょう。

## Windows

## Mac

❶WindowsでCtrlを使用する操作は、Macでは⌘（command）に置き換えます。例えば文字をコピーする操作の場合、Windowsでは Ctrl + C ですが、Macでは ⌘ + C となります。なお、Macにも control は存在しますが、Windowsの Ctrl とは役割が異なります。

❷Windowsで Alt を使用する操作は、Macでは option に置き換えます。例えばExcelでセル内の改行をする操作の場合、Windowsでは Alt + Enter ですが、Macでは option + return （または control + option + return ）となります。

❸Windowsで Enter を使用する操作は、Macでは return に置き換えます。例えばExcelで上のセルに移動する操作の場合、Windowsでは Shift + Enter ですが、Macでは Shift + return となります。

この他にも、WindowsとMacではキーの置き換えが必要な操作がいくつかありますが、❶〜❸を覚えておけば、多くのショートカットキーで対応できることが多いでしょう。より詳しく知りたい方は以下も参照してください。

macOSユーザーガイド：https://support.apple.com/ja-jp/guide/mac-help/cpmh0152/mac

第 **4** 章

# Word

### 文字の配置

# 文字を中央揃えにする

365 2021 2019 2016

文字や行を選択、またはカーソルを置いて Ctrl + E を押すと、**選択部分が中央揃えになります**。再度押すと、元の配置に戻ります。E は「Center」の2文字目のEと覚えるとわかりやすいです。

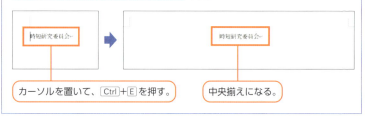

カーソルを置いて、Ctrl + E を押す。　　中央揃えになる。

### 文字の配置

# 文字を右揃えにする

365 2021 2019 2016

文字や行を選択、またはカーソルを置いて Ctrl + R を押すと、**文書の日付や作成者、ヘッダー、文末の記名などを右に揃えられます**。R は「Right」のRと覚えるとわかりやすいです。

文字を選択し、Ctrl + R を押す。　　右揃えになる。

- 文字の配置

365 2021 2019 2016

# 文字を左揃えにする

文字や行を選択、またはカーソルを置いて Ctrl+L を押すと、**選択部分が左揃えになります**。なお、初期設定では文章が左揃えになるように設定されています。L は「Left」のLと覚えるとわかりやすいです。

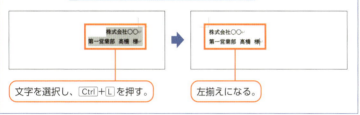

文字を選択し、Ctrl+L を押す。　左揃えになる。

- 文字の配置

365 2021 2019 2016

# 文字を両端揃えにする

本文を左揃えで書いていくと、右端がガタガタになってしまい見栄えが悪くなることがあります。そういうときは両端揃えを使い、本文の両端を揃えましょう。J は「Justify」のJと覚えるとわかりやすいです。

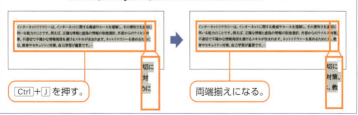

Ctrl+J を押す。　両端揃えになる。

文字の書式

## 太字に設定する

選択している文字を太字にして強調することができます。なお、太字に限らず、文字の書式の操作は3,4,5章でも同様の操作で設定できます。Bは「Bold」と覚えるとわかりやすいでしょう。

---

文字の書式

## 斜体に設定する

選択している文字を斜体にして少しだけ目立たせることができます。文字を引用するときや英単語を斜体にすると、見栄えがよくなることがあります。Iは「Italic」のIと覚えるとわかりやすいでしょう。

---

文字の書式

## 下線を引く

選択している文字に下線を引いて目立たせることができます。斜体は英語に使う、下線は太字とは別に文字を強調したいときに使うとよいでしょう。Uは「Underline」のUと覚えるとわかりやすいでしょう。

文字の書式

365  2021  2019  2016

# 文字を1ポイント拡大、縮小する

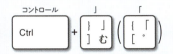

文字を選択した状態で、Ctrl+]を押すと文字を拡大でき、Ctrl+[を押すと文字の縮小ができます。1回押すごとに1ポイントずつ変わります。
これさえ知っておけば、もうフォントサイズの入力ボックスから選択する必要はありません。

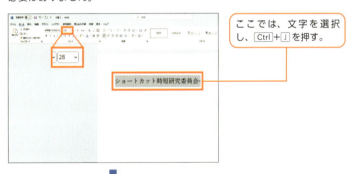

ここでは、文字を選択し、Ctrl+]を押す。

文字が1ポイント拡大され、「フォントサイズ」の数値も、1ポイント増えている。

- 文字の書式

365 | 2021 | 2019 | 2016

# フォントや色をまとめて設定する

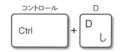

文字を選択した状態で Ctrl + D を押すと、「フォント」ダイアログボックスの「フォント」タブが表示されます。現在選択されている文字の書式が表示されており、**ここから様々な書式設定をまとめて設定できます。** D は「Dialogue box」のDと覚えるとわかりやすいです。

Ctrl + D で「フォント」ダイアログボックスが表示され、フォントやスタイル、フォントサイズ、文字飾りなどを設定できる。
設定した書式は「プレビュー」で確認できる。

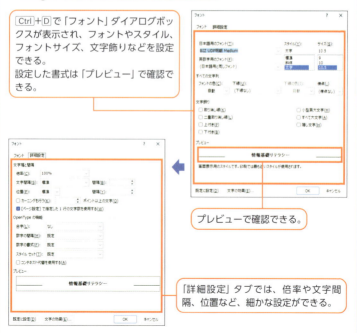

プレビューで確認できる。

「詳細設定」タブでは、倍率や文字間隔、位置など、細かな設定ができる。

**文字の書式**

365 | 2021 | 2019 | 2016

# 文字を均等割り付けする

文字を選択した状態で Ctrl + Shift + J を押すと、「文字の均等割り付け」ダイアログボックスが表示され、**文字列の表示幅を数値で設定することができます**。同じ幅に収めて、文書を整えるのに役立ちます。
なお、文字の均等割り付けの設定後、解除したいときは再度ダイアログを表示し、解除を押してください。

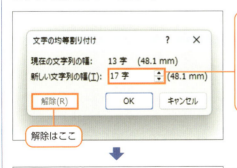

Ctrl + Shift + J で「文字の均等割り付け」ダイアログボックスが表示される。
文字列の幅の数値を入力して、Enter を押すと、文字幅が反映される。

解除はここ

ここでは「13文字の文字を17文字の幅で配置」を設定。

**COLUMN** 数値を設定したい文字を選択する際に、段落記号（鍵形の改行記号）まで選択してしまうと、「文字の均等割り付け」ダイアログボックスが表示されずに、その段落全体に文字を合わせるようになってしまいます。注意して文字を選択しましょう。

**文字の書式**

365 | 2021 | 2019 | 2016

# 二重下線を引く

文字を選択してCtrl+Shift+Dを押すと二重下線が引かれ、Ctrl+Uよりも強調できます。Dは「Double」のDです。

**文字の書式**

365 | 2021 | 2019 | 2016

# 上(下)付き文字にする

上付き文字はべき乗の指数を表し、下付き文字は化学式などに使います。この操作はPowerPointでも同様に使えるので、覚えておくと便利です。

**文字の書式**

365 | 2021 | 2019 | 2016

# 設定した文字書式を解除する

文字を選択し、Ctrl+スペースで**瞬時に設定した文字の書式を解除すること
ができます**。なお、この操作では、設定したスタイルは解除できません。

文字を選択し、Ctrl+スペースを押す。

設定した文字の書式がすべて標準に戻る。

---

**文字の書式**

365 | 2021 | 2019 | 2016

# 設定した段落書式を解除する

行間や文字の配置の変更、インデントなど、自分で**設定した段落の書式を
瞬時に解除することができます**。目的の段落にカーソルを置いて、Ctrl+
Qを押しましょう。

**文字の選択**

365 | 2021 | 2019 | 2016

# 1行ずつ文字を選択する

カーソルがある位置から、行単位で文字を選択できます。Shiftを押したまま↑・↓を押すと、押した分だけ行が選択されます。

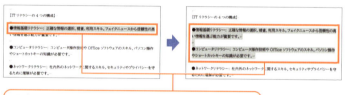

> 1回押すと、1行。複数回押すと、その分の行が選択される。

---

**文字の選択**

365 | 2021 | 2019 | 2016

# 1段落ずつ文字を選択する

カーソルがある位置から、段落の先頭もしくは末尾まで選択します。Ctrl+Shiftを押したまま↑・↓を押すと、押した分だけ段落が選択されます。

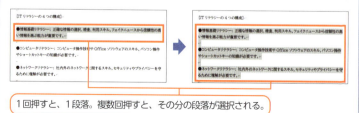

> 1回押すと、1段落。複数回押すと、その分の段落が選択される。

文字の選択

**365** **2021** **2019** **2016**

# 文字を矩形選択モードで選択する

矩形選択モードとは、文書の一部を矩形（四角形）で選択できる機能です。Ctrl+Shift+F8を押して矩形選択モードにし、矢印キー（↑←↓→）で範囲を選択できます。Escを押すとモードが終了します。

カーソルを置き、Ctrl+Shift+F8を押して矩形選択モードにする。

矢印キーで範囲を選択する。
このあとは、選択範囲を一気に削除したり書式を変更したりすることもできる。
左の例のように、項目名を選択して書式を一気に変更するといったような活用方法もある。

**文字の選択**

365 | 2021 | 2019 | 2016

# 文字を拡張選択モードで選択する

**文字や段落ごとに選択する範囲を切り替えられます。** `F8` **を押すたび段落、セクション、文書全体の順に切り替わります。** `Shift`+`F8` を押すと、選択範囲が縮小し、`Esc` を押すと拡張選択モードが終了します。

> カーソルを置き、`F8` を押して、拡張選択モードにする。そのあと、`F8` を1回押すと、1文字だけ選択される。

「インターネットリテラシー」とは、インターネットに関する脅威やルールを理解し、その便利さを適切に用いる能力のことです。例えば、正確な情報と虚偽の情報の取捨選択、外部からのウイルス対策、不適切で不確かな情報発信を避けるスキルが含まれます。ネットリテラシーを高めるためには、教育やセキュリティ対策、自己学習が重要です。学んでいきましょう。

●情報基礎リテラシー：正確な情報の選択、精査、利用スキル。フェイクニュースから信頼性の高い情報を選ぶ能力が重要です。

「インターネットリテラシー」とは、インターネットに関する脅威やルールを理解し、その便利さを適切に用いる能力のことです。例えば、正確な情報と虚偽の情報の取捨選択、外部からのウイルス対策、不適切で不確かな情報発信を避けるスキルが含まれます。ネットリテラシーを高めるためには、教育やセキュリティ対策、自己学習が重要です。学んでいきましょう。

●情報基礎リテラシー：正確な情報の選択、精査、利用スキル。フェイクニュースから信頼性の高い情報を選ぶ能力が重要です。

●コンピュータリテラシー：コンピュータ操作技術やOfficeソフトウェアのスキル。パソコン操作

> `F8` を繰り返し押すたびに、「単語全体」→「行全体」→「段落全体」→「セクション全体」→「文書全体」の順で選択範囲が切り替わる。

- カーソルの移動

365　2021　2019　2016

# 前後の段落に移動する

[Ctrl]+[↑]を押すと、カーソルが1段上の段落の先頭に移動し、[Ctrl]+[↓]を押すと、1段下の段落の先頭に移動します。[Ctrl]を押さずに[↑]・[↓]を押すと、段落関係なく、1行ずつカーソルが移動します。

**COLUMN**　[Ctrl]+[↓]・[↓]を押すとカーソルが移動し、[Ctrl]+[Shift]+[↑]・[↓]（P.120参照）を押すと段落を選択できます。組み合わせて使用すると、作業の効率が上がります。例えば、必要のなくなった段落に[Ctrl]+[↑]・[↓]でカーソルを移動させて、[Ctrl]+[Shift]+[↑]・[↓]を押して段落全体を選択します。そこから[Delete]を押して一気に削除したり[Ctrl]+[B]を押してテキストを強調させたりすることができます。このように時短しましょう。

- カーソルの移動

365　2021　2019　2016

# 特定のページに移動する

[Ctrl]+[G]を押すと、「検索と置換」ダイアログボックスの「ジャンプ」タブが表示されます。ページ番号を入力し、[Enter]を押すと、指定したページにジャンプされます。

[Ctrl]+[G]を押すと、「検索と置換」ダイアログボックスの「ジャンプ」タブが表示される。
ページ番号を入力し、[Enter]を押すと特定のページに移動する。

カーソルの移動

365 2021 2019 2016

# 文書の先頭、末尾に移動する

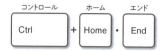

文書内で、カーソルを移動するショートカットキーです。Ctrl+Home を押すと、編集中の文書の先頭に移動し、Ctrl+End を押すと、末尾に移動します。なお、Home・End を単体で押すと、それぞれカーソルがある行の行頭と行末に移動できます。

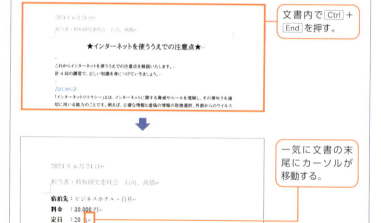

文書内で Ctrl + End を押す。

一気に文書の末尾にカーソルが移動する。

**COLUMN** カーソルを置いて、Ctrl + Shift + Home・End を押すと、カーソルを置いた場所から上・または下まで一気に文章を選択できます。長文を一気に削除したり書式を変更したりしたいときに便利です。

カーソルの移動

365 | 2021 | 2019 | 2016

# 前後のページの先頭に移動する

カーソルをページ単位で移動するショートカットキーです。Ctrl+Page Upを押すと、前のページの先頭に移動し、Ctrl+Page Downを押すと、次のページの先頭に移動します。なお、Page Up・Page Downを単体で押すと、上下にページ内をスクロールできます。

ここでは、Ctrl+Page Downを押す。

一気に次のページの先頭にカーソルが移動する。文書の各ページのチェックに使えるショートカットキー。

125

カーソルの移動

365 2021 2019 2016

# 直前の編集位置へ移動する

文章の作成中にカーソルが意図しない位置に移動してしまったときや、**編集中に見当たらなくなってしまったときは、Shift + F5 を押しましょう。**直前まで編集していたカーソルの位置まで戻すことができます。

文章の編集中。

カーソルが移動してしまった、見当たらない。

Shift + F5 を押すと編集した位置までカーソルが戻る。

**カーソルの移動**

365 | 2021 | 2019 | 2016

# 改ページする

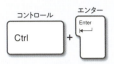

`Ctrl`+`Enter`を押すと、改ページできます。改ページとは、文書を区切って新しいページを挿入することです。**文書の作成の途中で、`Enter`を何度も押して改行するのはとても面倒で、時間の無駄にもなってしまいます。**`Ctrl`+`Enter`ですぐに次のページのページ頭から開始しましょう。

> 文章を終わらせて、区切りにしたい場所にカーソルを置き、`Ctrl`+`Enter`を押す。

> 改ページされ、新しいページが挿入される。
> カーソルの位置は、常に新しいページの頭に表示される。

127

## 更新される日付を入力する

Alt + Shift + D を押すと、その日の日付が「2024/06/23」形式で入力されます。Dは「Date」のDと覚えましょう。

Alt + Shift + D で日付が入力される。
入力した日付は、**文書を開くたびに自動で最新の状態に更新される。**

---

## 更新される現在時刻を入力する

Alt + Shift + T を押すと、その日の時刻が「午後5時32分」形式で入力されます。Tは「Time」のTと覚えましょう。

Alt + Shift + T で現在時刻が入力される。
**文書を開くたびに自動で最新の状態に更新される。**

### 文字の入力

365 | 2021 | 2019 | 2016

## 著作権記号を入力する

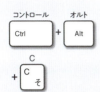

著作権記号を挿入するには、Ctrl+Alt+Cを押して、「©」を入力します。特殊な文字でもショートカットキーで入力することができます。

**COLUMN** 商標の記号を挿入するには、Ctrl+Alt+Tを押すと、「™」を入力することができます。登録商標の記号を挿入するには、Ctrl+Alt+Rを押すと、「®」を入力することができます。

### 文字の入力

365 | 2021 | 2019 | 2016

## アルファベットの大文字を小文字に変換する

大文字で入力したアルファベットをShift+F3を押すことで、「すべて大文字」→「すべて小文字」→「先頭だけ大文字」の順で変換されます。

アルファベットを選択し、Shift+F3を押す。

大文字から小文字に変換される。

文字の入力

365 2021 2019 2016

# 段落(文章のまとまり)の上下を入れ替える

入れ替えをしたい段落にカーソルを移動した状態で、Alt + Shift + ↑ を押すと、上の段落に、Alt + Shift + ↓ を押すと下の段落へと1段ずつ入れ替えていくことができます。Ctrl + X で切り取り、移動したい場所へ Ctrl + V で貼り付ける必要はありません。

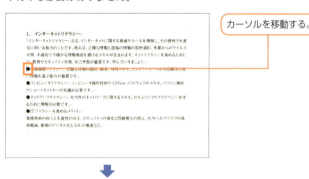

カーソルを移動する。

ここでは、Alt + Shift + ↓ を押す。押すたびに1段ずつ下に移動していく。

### 文字の入力

365 2021 2019 2016

# 箇条書きに設定する

入力した文字を箇条書きでリストのように表示したい場合は、箇条書きに設定したい文字や行を選択し、Ctrl+Shift+Lを押します。**LはList」のLと覚えましょう。**

文字を選択し、Ctrl+Shift+Lを押す。 / 箇条書きになる。

### 行間

365 2021 2019 2016

# 行間を広げる

カーソルのある段落全体の行間を変更します。Ctrl+2で2行分、Ctrl+5で1.5行分の行間に広げることができます。

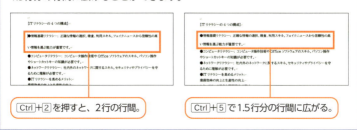

Ctrl+2を押すと、2行の行間。 / Ctrl+5で1.5行分の行間に広がる。

**行間**

365 | 2021 | 2019 | 2016

# 段落の行間を1行に戻す

P.131で段落の行間を変更したあとに、1行の行間に戻したい場合は、Ctrl+1を押しましょう。

**COLUMN** 行間を変更したあとに、元に戻したい場合は、Ctrl+1を押しますが、操作後すぐなら、Ctrl+Z(P.30参照)でも元に戻せます。しかし、行間を変えたあとに、テキスト入力や書式変更など様々な作業を行った場合はCtrl+Zでは行間を元に戻せなくなります。

---

**行間**

365 | 2021 | 2019 | 2016

# 段落前に間隔を追加する

カーソルがある段落とその前の段落との間に間隔を追加します。再度押すと、間隔が元に戻ります。

カーソルを置いて、Ctrl+0を押す。　　間隔が追加される。

**表の挿入・削除**

365 2021 2019 2016

# 表を挿入する

Alt → N → T → I の順にキーボードを押すと、「表の挿入」ダイアログボックスが表示されます。列数や行数の数値を入力して、Enter を押すと表が挿入されます。

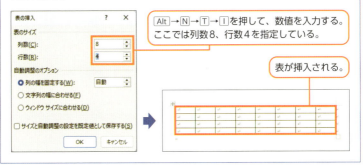

Alt → N → T → I を押して、数値を入力する。ここでは列数8、行数4を指定している。

表が挿入される。

**表の挿入・削除**

365 2021 2019 2016

# 表の行を選択する

表内の選択したい場所にカーソルを移動して、Alt + Shift + End を押すと、カーソルを置いた位置からあとの行がすべて選択されます。

カーソルを置いて、Alt + Shift + End を押すと、行が選択される。

- 表の挿入・削除

## 表の列を選択する

365 | 2021 | 2019 | 2016

選択したい場所にカーソルを移動して、[Alt]+[Shift]+[Page Down]を押すとカーソルを置いた位置から下の列が選択され、[Alt]+[Shift]+[Page Up]を押すと上の列が選択されます。

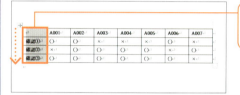

> カーソルを置いて、[Alt]+[Shift]+[Page Up]を押すと、列が選択される。

- 表の挿入・削除

## 表の行、列を削除する

365 | 2021 | 2019 | 2016

削除したい行にカーソルを移動して[Alt]→[J]→[L]→[D]→[R]を押すと行が削除され、[Alt]→[J]→[L]→[D]→[C]を押すと、列が削除されます。

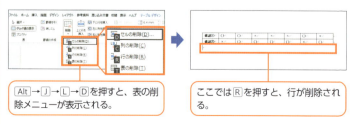

> [Alt]→[J]→[L]→[D]を押すと、表の削除メニューが表示される。

> ここでは[R]を押すと、行が削除される。

134

### インデント

365 | 2021 | 2019 | 2016

# 段落に左インデントを設定する

左インデントとは、カーソルが置かれている段落全体の文頭の位置を任意の位置まで字下げできる機能です。ショートカットキーを押した回数分字下げされ、戻したいときは、Ctrl+Shift+Mで1段階ずつ戻せます。

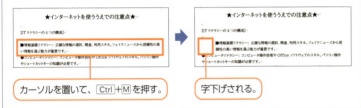

カーソルを置いて、Ctrl+Mを押す。　字下げされる。

### インデント

365 | 2021 | 2019 | 2016

# ぶら下げインデントを設定する

ぶら下げインデントとは、段落全体の2行目以降の文頭の位置を任意の位置まで字下げして揃えられる機能です。ショートカットキーを押した回数分字下げされ、戻したいときは、Ctrl+Shift+Tで1段階ずつ戻せます。

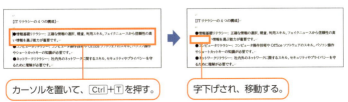

カーソルを置いて、Ctrl+Tを押す。　字下げされ、移動する。

> アウトライン

365 | 2021 | 2019 | 2016

# アウトライン表示に切り替える

アウトライン表示とは、段落にレベルをつけて階層化された構造のことです。文書全体の構造をレベルごとに階層的に見ることができます。[Ctrl]+[Alt]+[P]で元の印刷レイアウト表示画面に戻ります。**Oは「Outline」のOと覚えましょう。**

> アウトライン

365 | 2021 | 2019 | 2016

# 段落のアウトラインレベルを変更する

カーソルがある段落のレベルを変更できます。[Alt]+[Shift]+[←]でレベルが上がり、[Alt]+[Shift]+[→]でレベルが下がります。

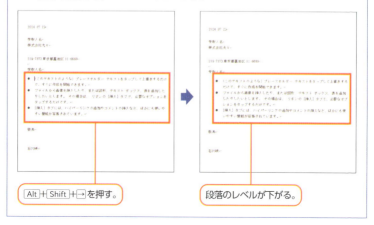

[Alt]+[Shift]+[→]を押す。　　　段落のレベルが下がる。

アウトライン

365 | 2021 | 2019 | 2016

# アウトライン表示で段落の上下を入れ替える

入れ替えをしたい段落にカーソルを移動した状態で、Alt+Shift+↑を押すと上の段落、Alt+Shift+↓で下の段落と入れ替えることができます。

カーソルを置いて、ここでは、Alt+Shift+↓を押す。

1段落下に移動する。押すたびに1段ずつ下に移動していく。

**COLUMN** この操作は、P.130の操作とまったく同じです。「段落の上下を入れ替える」というショートカットキーは通常の「印刷レイアウト」画面と、「アウトライン」画面の両方で使うことができます。

### アウトライン

365 | 2021 | 2019 | 2016

# 見出し以下の本文を折りたたむ・展開する

アウトラインを編集中に [Alt]+[Shift]+[-] を押すと、カーソルのある見出しの子要素（レベル2以下の見出しと本文）を最下位のレベルから順に折りたためます。展開する場合は、[Alt]+[Shift]+[+] を押します。

### アウトライン

365 | 2021 | 2019 | 2016

# レベル1の見出しだけを表示する

アウトラインを編集中に [Alt]+[Shift]+[1] を押すと、アウトライン表示で、レベル1の見出しだけを表示できます。また、[Alt]+[Shift]+[2]〜[9] で数字キーに対応したアウトラインレベルを表示することも可能です。

### アウトライン

365 | 2021 | 2019 | 2016

# 標準スタイルを適用する

[Ctrl]+[Shift]+[N] を押すと、選択している段落に標準スタイルが適用されます。文字書式も段落書式もすべて解除されます。

138

## スタイル

**365 | 2021 | 2019 | 2016**

# 文字や段落から書式だけをコピーして貼り付ける

書式を設定した文字や段落を選択して、Ctrl + Shift + Cを押すと文字は変えずに書式のデザインのみをコピーできます。コピーした書式は、Ctrl + Shift + Vで他の文字や段落に適用できます。なお、書式をデフォルトに戻す方法はCtrl + スペースです。組み合わせて使用すると、よりストレスフリーに作業可能です。

---

【ITリテラシーの4つの構成】

●情報基礎リテラシー: 正確な情報の選択、精査、利用スキル。フェイクニュースから信頼性の高い情報を選ぶ能力が重要です。
●コンピュータリテラシー: コンピュータ操作技術やOfficeソフトウェアのスキル。パソコン操作やショートカットキーの知識が必要です。
●ネットワークリテラシー: 社内外のネットワークに関するスキル。セキュリティやプライバシーを守るために理解が必要です。

---

文字を選択し、Ctrl + Shift + C を押す。

---

【ITリテラシーの4つの構成】

●情報基礎リテラシー: 正確な情報の選択、精査、利用スキル。フェイクニュースから信頼性の高い情報を選ぶ能力が重要です。
●コンピュータリテラシー: コンピュータ操作技術やOfficeソフトウェアのスキル。パソコン操作やショートカットキーの知識が必要です。
●ネットワークリテラシー: 社内外のネットワークに関するスキル。セキュリティやプライバシーを守るために理解が必要です。

---

書式を貼り付けたい文字を選択し、Ctrl + Shift + V を押した。

> スタイル

365 2021 2019 2016

# 書式なしで文字を貼り付ける

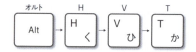

Ctrl + C で任意の文字をコピーします。Alt→H→V→T を押すと、コピーした文字に設定された書式が解除され、テキストのみ保持した状態で、貼り付けられます。見出しの文章を本文にコピーしたい際に、見出しに書式もコピーされると本文の書式に設定し直すのが手間になるので、書式なしでの文字の貼り付けは作業効率にもつながります。

Ctrl + C を押して文字をコピーする。
ここでは文字に青色と斜体が設定されている。

貼り付けたい場所にカーソルを置き、Alt→H→V→T を押すと、書式なしで文字が貼り付けられる。

> 文字数・校正

`365` `2021` `2019` `2016`

# 文書内の文字数や行数を表示する

作成した文書の文字数や行数、段落数などを知りたいときは、Ctrl + Shift + Gを押しましょう。「文字カウント」ダイアログボックスが表示され、自動でカウントされた統計を確認できます。

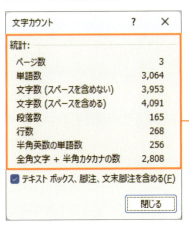

> Ctrl + Shift + Gを押すと、「文字カウント」ダイアログボックスが表示される。
> 文書のページ数文字数、段落数などが表示されるので、随時確認でき、Enterを押すと、閉じる。

> 文字数・校正

`Microsoft365` `2021` `2019` `2016`

# スペルミスや文の間違いをチェックする

F7を押すと、画面右側に「エディター」が表示されます。文章の誤字脱字や英単語のスペルチェックなどを指摘してくれる機能です。

**検索・置換**

365　2021　2019　2016

# 文書内を検索する

画面左側に「ナビゲーションウィンドウ」が表示されます。検索したいキーワードを入力し、Enterを押すと、文書内の該当するキーワードが検出されます。

Ctrl + F を押すと、「ナビゲーションウィンドウ」が表示される。
キーワードを入力し、Enter を押す。

検出されたキーワードにマーカーが引かれる。

---

**検索・置換**

365　2021　2019　2016

# 置換を実行する

「検索と置換」ダイアログボックスの「置換」タブが表示されます。特定の単語を別の単語に一気に変更することができます。

Ctrl + H を押すと、「検索と置換」ダイアログボックスの「置換」タブが表示される。
「検索する文字列」と「置換後の文字列」にそれぞれ単語を入力し、「置換」または「すべて置換」をクリックして実行する。

置換(R)　　すべて置換(A)

### 印刷

## 文書を印刷する

365 | 2021 | 2019 | 2016

Ctrl + P を押すと、印刷画面が表示されます。Tab・Shift + Tab で項目を移動し、↑・↓で印刷範囲などの設定を選択して、「印刷」が設定された状態でEnterを押すと印刷されます。

 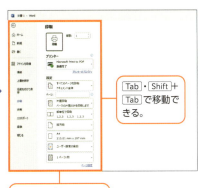

Tab・Shift + Tab で移動できる。

Ctrl + P を押す。　印刷画面が表示される。

---

### 印刷

## 印刷プレビューを表示する

365 | 2021 | 2019 | 2016

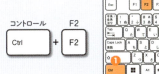 

印刷プレビューとは、閲覧中のウィンドウが実際に用紙に印刷された際にどのように表示されるのかを確認できる機能です。Tab・Shift + Tab でページを移動でき、Escを押すと、元の画面に戻ります。

### その他

## 文書を分割表示にする

365 2021 2019 2016

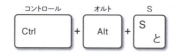

1ページ目の文書を見ながら5ページ目の文書を編集したい、といったときは、Ctrl + Alt + S で分割表示にしましょう。画面を別々に操作できます。再度 Ctrl + Alt + S を押すと分割表示が解除されます。

文書を開いた状態で、Ctrl + Alt + S を押す。

画面が上下に分割される。分割した中央の区切りを上下にドラッグして分割位置を変更できる。

分割した画面は別々にスクロールすることができ、上の画面を大きくしたり、下の画面を小さくしたりと自由に調整できる。

その他

365 2021 2019 2016

# ヘッダー、フッターを編集する

`Alt`→`N`→`H`→`E`の順に押すと、ページの上部にあるヘッダー領域にカーソルが移動し、編集できます。`Alt`→`N`→`O`→`E`の順に押すと、ページ下部にあるフッター領域を編集できます。`Esc`を押すと編集モードが終了します。

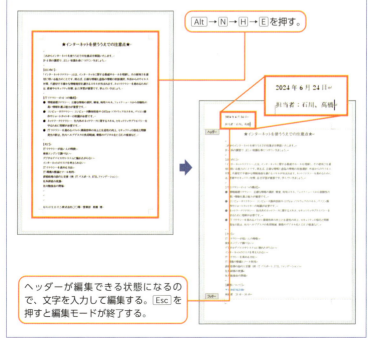

`Alt`→`N`→`H`→`E`を押す。

ヘッダーが編集できる状態になるので、文字を入力して編集する。`Esc`を押すと編集モードが終了する。

その他

365 2021 2019 2016

# リボンを表示する

リボンとは、画面上部にある「コマンド(命令)」を分類して一覧表示されているツールバーです。Ctrl + F1 を押すと、リボンの表示/非表示を切り替えられます。

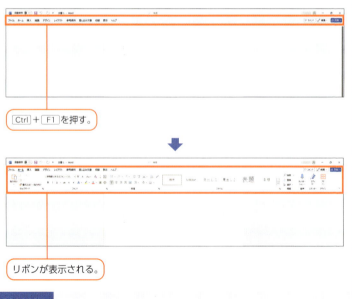

Ctrl + F1 を押す。

リボンが表示される。

**COLUMN** 「ホーム」「挿入」「デザイン」などのタブをダブルクリックすることでも、リボンが表示されます。

第 **5** 章

# PowerPoint

スライド

365 2021 2019 2016

## 新しいスライドを追加する

新しいスライドは、Ctrl + M を押すことで簡単に追加できます。スライドの追加後は、そのまま文字の入力も可能です。

挿入したいスライド位置の1つ前のスライドを選択し、Ctrl + M を押す。

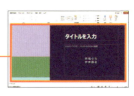

追加されたスライドにはレイアウトやテーマも引き継がれるため、作業を短縮できる。

---

スライド

365 2021 2019 2016

## スライドやオブジェクトを複製する

スライド一覧のスライドやスライド内のオブジェクトを選択しているときに Ctrl + D を押すと、スムーズに複製ができます。ここでの D は、「Duplicate（複製する）」の D と覚えるとわかりやすいです。

**COLUMN** スライドやオブジェクトの複製は、Ctrl + C でコピーし、Ctrl + V で貼り付けることが一般的ですが、PowerPointでは Ctrl + D でその手順を省略することができます。Ctrl + D を使用した回数分の複製ができるため、同じスライドやオブジェクトを多用する際に非常に便利です。

### スライド

365 | 2021 | 2019 | 2016

# スライドのレイアウトを変更する

(2019、2016では [Alt]+[H]+[L]+[1])

スライドのレイアウトは、[Alt]→[H]→[L]の順に押すと表示される「ホーム」タブ内の「レイアウト」から変更できます。矢印キーでレイアウトを選択して[Enter]を押すと、全スライドのレイアウトが変更されます。

[Alt]→[H]→[L]の順に押し、矢印キーでレイアウトを選択して、[Enter]で変更する。

---

### スライド

365 | 2021 | 2019 | 2016

# スライドのテーマを変更する

スライドのテーマは、[Alt]→[G]→[H]の順に押すと表示される「デザイン」タブ内の「テーマ」から変更できます。矢印キーでテーマを選択して[Enter]を押すと、全スライドのテーマが変更されます。

[Alt]→[G]→[H]の順に押し、矢印キーでテーマを選択して、[Enter]で変更する。

### スライド
# 非表示スライドに設定する

365　2021　2019　2016

「スライドショーで表示する必要はないけれど削除したくない」というスライドは、Alt→S→Hを順に押して非表示にしましょう。スライドの再表示は、同じ操作で行えます。

### アウトライン
# アウトライン表示に切り替える

365　2021　2019　2016

Ctrl+Shift+Tabを押してアウトライン表示に切り替えると、各スライドのタイトルと見出しが表示されます。プレゼンテーションの構成を確認する際に便利です。

アウトライン表示に切り替えると、見出しを入れているスライドの見出しの一覧が表示されるようになる。

**COLUMN**　見出しの流れを見ることで、簡単に**プレゼンテーションの概要を確認したり共有したりする**ことができます。

> オブジェクト

365 | 2021 | 2019 | 2016

# 次の入力エリアに移動する

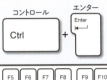

Ctrl + Enter を押すことで、素早く次の入力エリア（プレースホルダー）に移動できます。

プレースホルダーへの入力後に Ctrl + Enter を押すクセを付ければ、作業効率が格段にアップする。

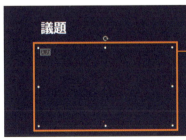

Ctrl + Enter を押すと次のプレースホルダーが選択され、そのまま続けて入力ができる。

**COLUMN** 最後のプレースホルダーまで入力し終わったあとに Ctrl + Enter を押すと、新しいスライドが追加されます。そのままもう一度 Ctrl + Enter を押すと、追加されたスライドの一番最初のプレースホルダーが選択され、入力ができるようになります。

> オブジェクト

365 2021 2019 2016

# 複数のオブジェクトをグループ化する

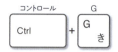

複数の図形やテキストボックスをまとめて移動したり拡大・縮小したりすることはよくあります。Ctrl + G を押してグループ化しておくと便利です。ここでの G は、「Group」のGと覚えるとわかりやすいです。

あらかじめ Ctrl を押しながらグループ化したいオブジェクトを選択しておき、Ctrl + G を押してグループ化する。

グループ化された。

**COLUMN** オブジェクトのグループ化を解除したい場合は、グループ化を解除したいオブジェクトを選択した状態で Ctrl + Shift + G を押します。

## オブジェクト

**365** **2021** **2019** **2016**

# オブジェクトの大きさを変更する

オブジェクトを選択中に[Shift]+[↑]・[↓]・[←]・[→]を押すと、大きさを段階的に変更できます。ショートカットキーを押すたびに、元のオブジェクトの大きさの10%ずつ変更されます。

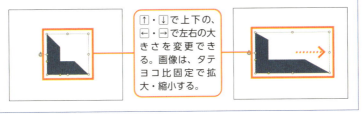

[↑]・[↓]で上下の、[←]・[→]で左右の大きさを変更できる。画像は、タテヨコ比固定で拡大・縮小する。

## オブジェクト

**365** **2021** **2019** **2016**

# オブジェクトを回転する

[Alt]+[←]・[→]を押すと、オブジェクトの回転を段階的に変更できます。ショートカットキーを押すたびに、15度ずつ回転していきます。

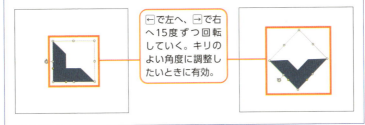

[←]で左へ、[→]で右へ15度ずつ回転していく。キリのよい角度に調整したいときに有効。

> オブジェクト

**365 2021 2019 2016**

# オブジェクトを前面に移動する

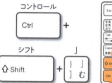

挿入したオブジェクトが重なっている場合、前面に移動させたいオブジェクトを選択し、Ctrl + Shift + 」を押すことで1つ前のオブジェクトに移動できます。

Ctrl + Shift + 」を押すと、選択したオブジェクトが1つ前に移動する。

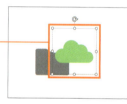

---

> オブジェクト

**365 2021 2019 2016**

# オブジェクトを背面に移動する

挿入したオブジェクトが重なっている場合、背面に移動させたいオブジェクトを選択し、Ctrl + Shift + 「を押すことで1つ後ろのオブジェクトに移動できます。

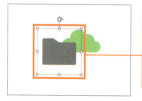

Ctrl + Shift + 「を押すと、選択したオブジェクトが1つ後ろに移動する。

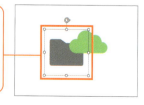

### オブジェクト

365 | 2021 | 2019 | 2016

# オブジェクトを最前面に移動する

複数のオブジェクトが重なっているとき、1つひとつ設定し直すには手間がかかります。Alt→H→G→Rの順に押すと、選択したオブジェクトを最前面に移動することができます。

Alt→H→G→Rの順に押すと、選択したオブジェクトが一番前に移動する。

---

### オブジェクト

365 | 2021 | 2019 | 2016

# オブジェクトを最背面に移動する

Alt→H→G→Kの順に押すと、選択したオブジェクトを最背面に移動することができます。最前面に移動するショートカットキーとあわせて覚えておきましょう。

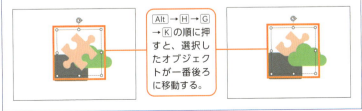

Alt→H→G→Kの順に押すと、選択したオブジェクトが一番後ろに移動する。

> オブジェクト

365 | 2021 | 2019 | 2016

# テキストボックスを挿入する

新規のテキストボックスを追加したいときは、テキストボックスを表示したいスライドを表示し、Alt→N→Xの順に押します。そして、Hを押すと横書きテキストボックス、Kを押すと縦書きテキストボックスを挿入できます。

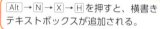

Alt→N→X→Hを押すと、横書きテキストボックスが追加される。

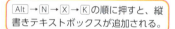

Alt→N→X→Kの順に押すと、縦書きテキストボックスが追加される。

**COLUMN** 通常、テキストボックスは「挿入」タブ内の「テキストボックス」から挿入します。Alt→Nを使うことで「挿入」タブ内の機能を表示する手間が省けるため、時間を短縮できます。覚えておくと便利です。

**オブジェクト**

365 2021 2019 2016

# ハイパーリンクを挿入する

テキストや図形、画像などのオブジェクトを選択し、Ctrl + K を押すと、特定のスライドや他の文書やWebページなどにジャンプするための「ハイパーリンク」を挿入できます。

| オブジェクトを選択し、Ctrl + K を押すと、「ハイパーリンクの挿入」ダイアログボックスが表示される。ここではドキュメント内のイントロダクションを選定。 | テキストにハイパーリンクが挿入された。Ctrl を押しながらクリックするとリンク先へ移動する。 |

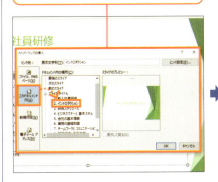

**COLUMN** ハイパーリンクを挿入することで、プレゼンテーション中に特定の情報やリソースに簡単にアクセスできるようになります。なお、ハイパーリンクを挿入したテキストや図形、画像を選択して Ctrl + K を押すと「ハイパーリンクの編集」ダイアログボックスが表示され、リンクのURLを変更したり、リンクを削除したりできます。

**オブジェクト**

## 図形を挿入する

365 2021 2019 2016

図形の挿入は、ショートカットキーの使用が便利です。Alt→N→S→H の順に押すと図形のメニューが表示されるので、使用したい図形を選択しましょう。

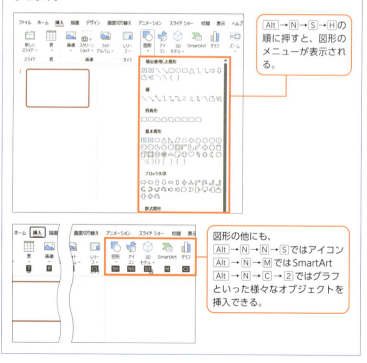

Alt→N→S→H の順に押すと、図形のメニューが表示される。

図形の他にも、
Alt→N→N→S ではアイコン
Alt→N→M では SmartArt
Alt→N→C→2 ではグラフ
といった様々なオブジェクトを挿入できる。

### オブジェクト

365　2021　2019　2016

## フォントや色をまとめて設定する

Ctrl + T を押すと、「フォント」ダイアログボックスが表示され、オブジェクト内のフォントや色、フォントサイズ、文字の装飾などをまとめて設定できます。ここでのTは、「Text」を示しています。

文字のオブジェクトを選択してCtrl + Tを押すと、「フォント」ダイアログボックスが表示され、フォントや色の設定をまとめて設定できる。

**COLUMN**　1つのプレゼンテーションで複数のフォントや色を多用すると、視覚的に一貫性がなく、雑多な印象を与える場合があります。一貫性と視覚的な調和を保つためには、**プレゼンテーション全体で使用するフォントや色を絞り、各スライドで統一感を持たせるようにしましょう。**

### 表示の切り替え

Microsoft365　2021　2019　2016

## 領域（ペイン）間を移動する

PowerPointを構成する領域を、「スライド」→「ステータスバー」→「リボン」→「ノート」→「スライド一覧」の順に移動します。Shift + F6 で逆の順番で移動します。

- 表示の切り替え

**365 2021 2019 2016**

# ルーラー・グリッド・ガイドを表示する

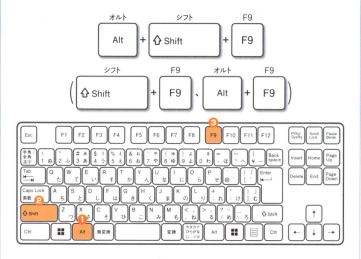

PowerPointで図形やテキストボックスを挿入する際、ルーラー・グリッド・ガイドの3つの機能を使用すれば、配置をきれいに整えることができます。ルーラーは Alt + Shift + F9 、グリッドは Shift + F9 、ガイドは Alt + F9 を押すことで表示・非表示を切り替えられます。

ルーラーは Alt + Shift + F9 を押すことで、スライドの上と左に表示される。タブ揃えやインデントを設定でき、文字の配置に便利。

グリッドは Shift + F9 を押すことで、スライド内に格子状の線が表示される。格子の間隔は、Alt → W → X で表示される「グリッドとガイド」ダイアログボックスから変更できる。

ガイドは Alt + F9 を押すことで、スライドに縦と横の線が表示される。この線はドラッグすることで位置を調整でき、Ctrl を押しながらドラッグして本数を増やすことも可能。

- 表示の切り替え -

365 2021 2019 2016

# スライド一覧に切り替える

スライドが完成したら、Alt→W→Iでスライド一覧を表示して確認しましょう。再度同じショートカットキーを押すことで、元の画面に戻ります。

Alt→W→Iの順に押すと、簡単にスライド一覧を表示できる。また、この画面からスライドの複製や追加も可能。

- スライドショー -

365 2021 2019 2016

# スライドショーを開始する

スライドショーは、F5を押すだけで簡単に開始できます。スライドの移動はEnter、スライドショーの終了はEscを押します。なお、スライドは→で次のスライド、←で前のスライドに移動することもできるので、間違って次のスライドに進んでしまっても落ち着いてスライドを戻しましょう。

**COLUMN** スライドショーを開始する際、通常は画面右下のスライドショーアイコンをクリックしたり、クイックアクセスツールバーを使用したりしますが、ショートカットキーではそれらを省略できます。ワンアクションの簡単な操作なので、スマートなプレゼンのためにぜひ覚えておきましょう。

### スライドショー

365 | 2021 | 2019 | 2016

# スライドショーの途中でスライドを選択する

スライドショーの途中で Ctrl + S を押すと、「すべてのスライド」ダイアログボックスが表示されます。↑・↓で選択し、Enter を押すと選択したスライドに移動できます。

> Ctrl + S で「すべてのスライド」ダイアログボックスを表示すると、スライドを選択して移動できる。

### スライドショー

365 | 2021 | 2019 | 2016

# 指定したスライドに移動する

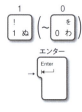

スライドショーの途中で数字キー + Enter を押すと、その数字のスライドに移動できます。例えば、3番目のスライドであれば 3 + Enter 、15番目のスライドであれば 1 + 5 + Enter を押します。

**COLUMN** プレゼン中に質問が出たときや時間が限られているときなど、必要に応じて特定のスライドをすぐに表示したい場合があります。**臨機応変にスムーズにスライドを切り替えたいシーンで、このショートカットキーは非常に役に立ちます。**

スライドショー

365 2021 2019 2016

# スライドショーの表示を中断する

スライドショーの途中で B を押すと、画面が真っ黒になり、表示を中断できます。いずれかのキーを押すと、元の画面に戻ります。

スライドショーの途中で一時的に画面の表示を中断したいときに、B を押す。

画面が真っ暗になり、スライドが見えなくなる。

なお、W を押すと画面が真っ白になる。

**COLUMN** スライドに含まれている情報に間違いがあったり、観客の注意を一時的にスライドから逸らして話者に注目させたりしたいときに有効です。スライドショー自体を終了するわけではないので、そのまま次のスライドに進められます。

### スライドショー

365 | 2021 | 2019 | 2016

# 表示中のスライドを拡大・縮小する

スライドの大きさを Ctrl + + ・ - を押して調整することで、重要な部分の説明のときに相手にわかりやすく伝えることができます。大きさは + ・ - で3段階ごとに調整可能です。

Ctrl + + で拡大、Ctrl + - で縮小できる。Esc で元の倍率に戻せる。

### スライドショー

365 | 2021 | 2019 | 2016

# マウスポインターをレーザーポインターに変更する

Ctrl + L を押すと、マウスポインターを赤い光のレーザーポインターに切り替えられます。赤は目立ちやすく、聴衆の注意を特定の部分に集中させるのに効果的です。また、赤は大きな会場や明るい部屋でも見やすい色とされています。ここでの L は、「Laser」のLと覚えるとわかりやすいです。

スライドショーの途中で Ctrl + L を押すと、レーザーポインターの表示に変更される。

### スライドショー

365 2021 2019 2016

## マウスポインターをペンに変更する

`Ctrl` + `P`を押すと、マウスポインターをペンに切り替えられます。スライドショーの途中で書き込みができるようになるので、重要な部分を囲んだり、補足を入れたりしましょう。

### スライドショー

365 2021 2019 2016

## マウスポインターを常に表示する

スライドショー中、一定時間マウスを動かさない場合、マウスポインターは自動で非表示になります。マウスポインターが常に表示されるようにするには、`Ctrl` + `A`を押します。

### スライドショー

365 2021 2019 2016

## スライドへの書き込みを消去する

スライドへの書き込みは、`E`を押すことで一括削除できます。また、書き込みを個別で削除したい場合は`Ctrl` + `E`を押して、マウスポインターを消しゴムに切り替えます。

**その他**

**365　2021　2019　2016**

# 新しいプレゼンテーションを作成する

新しいプレゼンテーションを作成したいときは、Ctrl+Nを押します。これまで表示していたプレゼンテーションに上書きされることはなく、新しいウィンドウで作成されます。

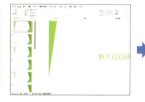

Ctrl+Nを押すと、新しいプレゼンテーションが作成される。

---

**その他**

**365　2021　2019　2016**

# ヘルプを表示する

PowerPointの操作で不明点がある場合は、F1を押して「ヘルプ」を表示しましょう。ヘルプでは、PowerPointの機能や操作方法に関する情報を検索・参照できます。

F1を押すと「ヘルプ」が表示され、機能や操作手順を確認したり、トラブルを解決するための情報を検索したりできる。

第 **6** 章

# Outlook

### メール作成

**365 2021 2019 2016**

# 新しいメールを作成する

どの画面を表示していても、Ctrl + Shift + Mを押すことで、新しいメールの作成画面に切り替えられます。なお、「メール」の画面を表示しているときは、Ctrl + Mでも同様の操作を行えます。

> メール以外の画面を表示しているときでも、Ctrl + Shift + Mですぐに新しいメールの作成画面を立ち上げることができる。

### メール作成

**365 2021 2019 2016**

# メールに返信する

受信メールの画面を表示しているときにCtrl + Rを押すと、受信メールの差出人のメールアドレスが「宛先」に入力された状態の返信画面に切り替えられます。ここでのRは、「Reply」のRと覚えるとわかりやすいです。

> 受信メールの確認後、Ctrl + Rですぐにメールの返信画面を立ち上げることができる。

### メール作成

`365` `2021` `2019` `2016`

# 宛先の全員にメールを返信する

受信メールの画面を表示しているときに Ctrl + Shift + R を押すと、受信メールの差出人に設定されているすべてのメールアドレスが「宛先」に入力された状態の返信画面に切り替えられます。

**COLUMN** P.168で紹介した Ctrl + R では、メールの送信者1人にしか返信ができませんが、Ctrl + Shift + R を使うとCCに入っている相手も含めて返信が行えます。このショートカットキーに限らず、Shift を足すことで近しい別の操作に変わる（シフトする）ものはいくつかあります。

### メール作成

`365` `2021` `2019` `2016`

# メールを転送する

受信メールの画面を表示しているときに Ctrl + F を押すと、メールの転送画面に切り替えられます。ここでの F は、「Forward」を示しています。

# 入力欄を移動する

メールの宛先、CC、件名、本文の入力欄は、Tab または Shift + Tab で移動できます。次の入力欄に移動するには Tab 、前の入力欄に移動するには Shift + Tab を押します。

Tab で次の入力欄に、Shift + Tab で前の入力欄に移動できる。

# 添付ファイルを選択し開く

受信メールの画面で Shift + Tab を押すと、メール内で選択できる箇所を移動できます。何回か押して添付ファイルを選択したら、Enter を押すと添付ファイルが開きます。

Shift + Tab を押して添付ファイルが青い選択状態になったら、Enter を押して開くことができる。

### メール作成

365 2021 2019 2016

# メールを送信する

メールの本文を作成したあとに Ctrl + Enter を押すと、すぐにメールを送信することができます。もう左上の送信ボタンを押す必要はありません。この他にも、Alt + S でも同じ操作が行えます。

### メールの整理と閲覧

365 2021 2019 2016

# 受信トレイに切り替える

Ctrl + Shift + I を押すと受信トレイが表示され、届いたメールを読みたいときや新たに届いたメールをすぐに確認したいときなど便利に使えます。ここでの I は、「Inbox」の I と覚えるとわかりやすいです。

### メールの整理と閲覧

365 2021 2019 2016

# 送信トレイに切り替える

Ctrl + Shift + O を押すと送信トレイが表示され、送信済みメールや未送信メールを確認したいときに便利に使えます。ここでの O は、「Outbox」の O と覚えるとわかりやすいです。

- メールの整理と閲覧

365　2021　2019　2016

# メールを操作し開く

↑と↓を押すとメール一覧でメールを選択でき、Enterを押すと別ウィンドウでメールを表示できます。

↑と↓を押すことでメールを上下に選択できる。Enterを押すことで別ウィンドウが立ち上がり、メールが表示される。

**COLUMN** Enterで選択したメールは別ウィンドウで表示されます。また、Ctrl+Oでも同様の操作が可能です。2つのメールウィンドウを並べるときは、⊞+←・→を使います。

- メールの整理と閲覧

365　2021　2019　2016

# メールのウィンドウを閉じる

上の項目では、Enterでメールのウィンドウを表示する方法を説明しました。表示したメールを閉じたいときには、Escを押します。

**メールの整理と閲覧**

365 | 2021 | 2019 | 2016

# 別ウィンドウで前後のメールを表示する

P.172の操作で別ウィンドウでメールを表示させている場合、前のメール表示に切り替えるには Ctrl + <、後のメールを表示させるには Ctrl + > を使用します。

> 1つ前のメールを表示したい場合は Ctrl + < を押し、連続で押すとさらにその前のメールを表示できる。

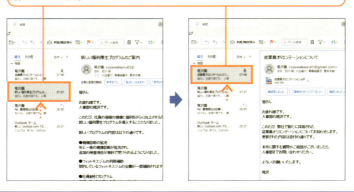

---

**メールの整理と閲覧**

365 | 2021 | 2019 | 2016

# メールを削除する

不要なメールは、 Ctrl + D を押すことで削除できます。削除したメールは、「削除済みアイテム」に移動します。なお、 Delete を押すことでも同様の操作が可能です。

**メールの整理と閲覧**

365 | 2021 | 2019 | 2016

# 作成中のメールのフォントサイズを変更する

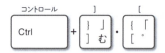

メール内の特定の情報を強調したい場合、Ctrl + ] を押すことで、選択した文字のサイズを大きくすることができます。重要な情報を引き立たせるために補足情報や注釈を小さくしたい場合は、Ctrl + [ を押します。

サイズを変更したい文字を、Shift + → ・ ← ま た は Shift + End ・ Home を押して選択する。

Ctrl + ] を押した分だけ文字が大きくなり、Ctrl + [ を押した分文字が小さくなる。

**COLUMN** フォントに変更を施すショートカットキーは、他にも様々あります。任意の文字を選択して Ctrl + Shift + P を押すと「フォント」ダイアログボックスが表示され、フォントの種類、スタイル、色などを選択できます。Enter で確定すると、その装飾がメールの本文に反映されます。

- メールの整理と閲覧

365 | 2021 | 2019 | 2016

# メールを未読にする

一度確認したけれどあとで詳細を再確認したいとき、返信の対応を後回しにしたいときなどには、開封したメールを未読にしましょう。Ctrl + U を押すと、未開封（未読）の状態に戻すことができます。

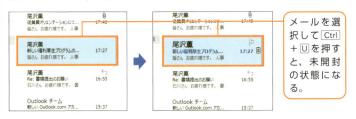

メールを選択して Ctrl + U を押すと、未開封の状態になる。

- メールの整理と閲覧

365 | 2021 | 2019 | 2016

# メールを既読にする

メールを1件ずつ確認するのには手間がかかります。熟読が不要な広告やニュースレターなどのメールは、Ctrl + Q を押すことで一瞬で開封済み（既読）の状態にすることができます。

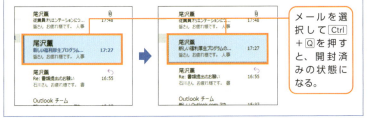

メールを選択して Ctrl + Q を押すと、開封済みの状態になる。

- メールの整理と閲覧 -

365 2021 2019 2016

# 新着メールを確認する

新着メールを確認したいときは、Ctrl+Mを押し新着メールを確認します。なおShift+F9では、表示中のフォルダーのみの送受信を行えます。

- メールの整理と閲覧 -

365 2021 2019 2016

# メールをアーカイブに移動する

メールの削除はしたくないけれど受信トレイをすっきり整理させたいときは、メールをアーカイブに移動させましょう。メールを選択している状態でBack spaceを押すと、一瞬でアーカイブに移動できます。

- メールの整理と閲覧 -

365 2021 2019 2016

# メールを印刷する

Ctrl+Pを押すと、メールの印刷画面を表示できます。Tabでプリンターや印刷オプションの設定を行い、Enterを押して印刷を開始します。

**メールの整理と閲覧**

365 2021 2019 2016

# メールの検索ボックスに移動する

探したいメールがあるときは、Ctrl + E を押すことで表示される検索ボックスを使用できます。キーワードを入力して Enter を押すと検索結果が表示され、すぐに目的のメールを確認できます。

Ctrl + E を押すと画面上部の検索ボックスに移動できる。キーワードを入力して Enter を押すと、検索結果が表示される。

**メールの整理と閲覧**

365 2021 2019 2016

# ダイアログボックスを開いてメールを検索する

Ctrl + Shift + F を押すと「高度な検索」ダイアログボックスが表示され、条件を詳細にした検索を行うことができます。各項目を Tab で移動しながら入力し、Enter を押すと、検索結果が表示されます。

Ctrl + Shift + F を押すと「高度な検索」ダイアログボックスが表示される。複雑な検索条件からメールを探すことができる。

**画面の切り替え**

365 | 2021 | 2019 | 2016

# Outlookの表示モードを切り替える

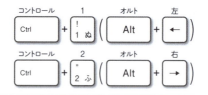

Outlookにはメール機能だけでなく予定機能もあり、スケジュールの調整を行えます。Ctrl + 2 で「予定表」を表示する習慣をつけましょう。

「予定表」を表示中に Ctrl + 1 (Alt + ←) を押すと「メール」が表示される。

「メール」を表示中に Ctrl + 2 (Alt + →) を押すと「予定表」が表示される。

**COLUMN** 上記では「メール」と「予定表」の画面を切り替えましたが、他の機能の画面にも切り替えることができます。「連絡先」には Ctrl + 3、「タスク」には Ctrl + 4、「メモ」には Ctrl + 5、フォルダー一覧には Ctrl + 6、「ショートカット」には Ctrl + 7 で切り替えが可能です。これらのショートカットキーを覚えて、作業効率を向上させましょう。

(画面の切り替え)

## 各種フォルダーへ移動する

365 | 2021 | 2019 | 2016

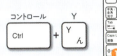

Ctrl + Y を押すと「フォルダーへ移動」ダイアログボックスが表示され、メールボックス内の別フォルダーへ移動できます。**各種フォルダーへのアクセスは Ctrl + Y が起点になります。**移動がスムーズになると、仕事の時短につながります。

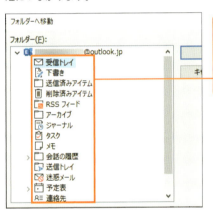

Ctrl + Y を押すと、「フォルダーへ移動」ダイアログボックスが表示される。↑・↓ を押して移動したいフォルダーを選択し、Enter を押して移動できる。

(画面の切り替え)

## メールを別のウィンドウで開く

365 | 2021 | 2019 | 2016

Ctrl + O を押してメールを別ウィンドウで表示させると、複数のメールを同時に確認できます。受信したメールを見ながら返信を作成できて便利です。

予定表

**365** **2021** **2019** **2016**

# 予定を作成する

`Ctrl`+`Shift`+`A`を押すと、新しい予定を作成するウィンドウが表示されます。詳細を入力したら、`Alt`+`S`を押して保存しましょう。

> `Ctrl`+`Shift`+`A`で新しい予定の作成ウィンドウが表示されたら、「タイトル」や「開始時刻」などを入力する。

> 各項目への移動は`Tab`、日付や時間の指定は`↑`・`↓`で行える。`Alt`+`S`を押すと予定が保存され、自動的にウィンドウが閉じる。

**COLUMN** 同じ予定が定期的にあるときは、予定の作成ウィンドウで`Ctrl`+`G`を押すと表示される「定期的な予定の設定」ダイアログボックスから、パターンを設定しましょう。予定をわざわざコピーして登録する手間が不要になります。

---

予定表

**365** **2021** **2019** **2016**

# 予定表の表示形式を切り替える

「予定表」の表示形式は、`Ctrl`+`Alt`とあわせて押す数字キーによって変更できます。`1`は日、`2`は稼働日、`3`は週、`4`は月です。

予定表

365 2021 2019 2016

# 前後の週に移動する

「稼働日」や「週」の予定表を表示しているときに Alt + ↑ ・ ↓ を押すと、前後の週に移動できます。「日」の予定表では、前後の週の同じ曜日が表示されます。

予定表

365 2021 2019 2016

# 前後の月に移動する

Alt + Page Up を押すと前月の同じ日に、 Alt + Page Down を押すと翌月の同じ日に移動できます。作業の長期的な見通しを立てたいときや、過去のスケジュールを確認したいときなどに便利なショートカットキーです。

ここでは7月3日を選択しているので、 Alt + Page Up を押したことで8月3日が表示されている。

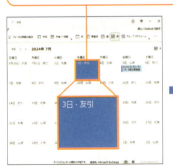

> 予定表

365　2021　2019　2016

# 特定の日数の予定表を表示する

「予定表」で Alt +数字キーを押すと、選択した日から最大10日間までの予定を表示できます。予定を確認する期間が3日間であれば Alt + 3 、10日間であれば Alt + 1 + 0 を押します。

「予定表」で Alt +予定を確認したい日数の数字キー（ここでは3日間を表示したいので 3 ）を押す。

3日間

> 予定表

365　2021　2019　2016

# 指定した日付の予定表を表示する

「予定表」で Ctrl + G を押すと表示される「指定の日付へ移動」ダイアログボックスからは、指定した日付の予定表に移動できます。

「予定表」で Ctrl + G を押すと、「指定の日付へ移動」ダイアログボックスが表示される。日付を入力し、 Alt + S で表示形式を指定して Enter を押すと、指定した日の予定が表示される。

予定表

365 2021 2019 2016

# 会議の出席依頼をする

「予定表」で Ctrl + Shift + Q を押すと、「会議」の出席依頼の作成ウィンドウが表示されます。「タイトル」「必須」（参加者のメールアドレス）などを Tab で移動しながら入力し、Ctrl + Enter を押して送信します。

予定表

365 2021 2019 2016

# メールの返信から会議の出席依頼を表示する

会議の予定を決める内容のメールに返信する際、Ctrl + Alt + R を押すことで、返信メールがそのまま会議出席依頼になります。このショートカットキーを使えば、メッセージと予定確認を同時に行えます。

受信メールを表示している状態で Ctrl + Alt + R を押す。

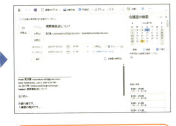

受信メールの件名が会議の「タイトル」になり、宛先全員が「必須」参加者に登録される。「開催時刻」や返信本文を入力して送信すると、会議出席依頼が完了。

**連絡先**

365 | 2021 | 2019 | 2016

# 連絡先を追加する

よく連絡をする相手の情報をアドレス帳に登録しておくことで、毎回メールアドレスを入力する手間を省くことができます。Ctrl + Shift + Cを押すと、連絡先追加のウィンドウが開きます。連絡先の各項目はTabで移動しながら入力し、完了したらAlt + Sを押して保存します。

**COLUMN** アドレス帳では「姓」「名」や「メールアドレス」の他に、「勤務先」などの登録も可能です。部署や内線の番号などの情報を詳細に登録しておくと、例えば部署ごとにメールを送りたいときなどにアドレス帳検索が使用できて便利です。

---

**連絡先**

365 | 2021 | 2019 | 2016

# アドレス帳を開く

Ctrl + Shift + Bを押すとアドレス帳が開き、登録した連絡先が一覧で表示されます。メールを送信したい連絡先を選択し、Ctrl + Nを押すと、新しいメールの作成画面を表示できます。

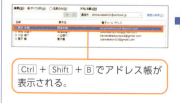

Ctrl + Shift + Bでアドレス帳が表示される。

Ctrl + Shift + Fで表示される検索ウィンドウでは、キーワードからアドレス帳内を検索できる。

**タスク**

365 | 2021 | 2019 | 2016

# タスクを追加する

Ctrl + Shift + K を押すと、「タスク」の新規作成ウィンドウが表示されます。タスクの各項目を Tab で移動しながら入力し、Alt + S を押して保存します。

Ctrl + Shift + K で表示される「タスク」の新規作成ウィンドウから、次にやる作業などのタスクを登録できる。

Ctrl + 4 を押すと「タスク」の画面に切り替わり、登録したタスクが一覧で表示される。

**COLUMN** チームメンバーなどにタスクを依頼したいときは、Ctrl + Shift + Alt + U を押してタスクの依頼画面を表示し、タスクを割り当てましょう。タスクの完了を確認したい場合は、「タスクの完了後、進捗レポートを送信してもらう」にチェックを付け、Alt + S を押して送信します。

> タスク

365 2021 2019 2016

# タスクを完了する

タスクが完了したら、Insertを押して進捗状況を完了にしましょう。タスクの右側に表示されるフラグがチェックマークに変わり、取り消し線が追加されます。完了したタスクは「完了済み」に移動します。

**COLUMN** タスクに取り消し線が追加されることで、完了したタスクと未完了のタスクが視覚的にわかるようになります。しかしタスクの量が多くなってくると、未完了のタスクを見逃してしまうかもしれません。そんなときは、Ctrl + DやDeleteを押して、完了したタスクを非表示（削除）にしましょう。

> タスク

365 2021 2019 2016

# メールや連絡先にフラグを設定する

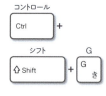

タスクとして登録したいメールや連絡先を開き、Ctrl + Shift + Gを押すと、フラグの設定ができます。フラグを設定すると、タスクに登録されます。

「ユーザー設定」ダイアログボックスでタスクの設定をし、Enterを押すとタスクに登録される。

第 **7** 章

# ブラウザ

### ウィンドウとタブ

## 新しいタブを開く

Chrome Edge

新しいタブを開いて移動できます。今見ているWebページを閉じたり、別のウィンドウを開いたりする必要がありません。Tは「Tab」のTと覚えるとわかりやすいです。

### ウィンドウとタブ

## タブを閉じる

Chrome Edge

今表示しているWebページのタブを閉じます。タブを閉じたあとは、閉じたタブの右隣（右隣がない場合は左隣）のタブが表示されます。

### ウィンドウとタブ

## ブラウザを終了する

Chrome Edge

Alt + F4 、または Ctrl + Shift + W でブラウザを終了させます。マウスでウィンドウの「×」（閉じる）ボタンをクリックする必要がありません。

188

（ウィンドウとタブ）

Chrome Edge

# タブを切り替える

コントロール　タブ
Ctrl + Tab

Ctrl + Tab でタブを切り替えられます。今表示しているタブの右隣のタブに移動します。マウスでタブをクリックする手間が省けます。

Ctrl + Tab で今表示しているタブの右隣のタブに移動する。

**COLUMN** インターネットで調べものをしているとどうしてもタブが多くなります。Ctrl + Tab を使ってタブを素早く切り替え、時短しましょう。

（ウィンドウとタブ）

Chrome Edge

# 前（左側）のタブに順に切り替える

コントロール
Ctrl +

シフト　　タブ
⇧ Shift　Tab

今表示しているタブの左隣のタブに移動します。連続で押すと、またその左隣のタブへ移動します。一番左のタブを表示している場合、一番右のタブに移動します。

### ウィンドウとタブ

## 1つ左、右のタブに移動する

Chrome Edge

タブを切り替えるとき、左右どちらに移動したいか明確な場合は Ctrl + Page Up ( Page Down ) で移動しましょう。

### ウィンドウとタブ

## 特定のタブに切り替える

Chrome Edge

表示させたいタブが明確な場合は、タブが左から何番目かを確認して、その数字と Ctrl を同時に押すと、瞬時に移動できます。なお、8 までしか移動できません。

### ウィンドウとタブ

## 一番右のタブを表示する

Chrome Edge

瞬時に一番右のタブを表示させたいときは、Ctrl + 9 を押しましょう。多くのタブを開いているときでも、一気に移動できます。

- ウィンドウとタブ -

Chrome Edge

# 最後に閉じたタブを再度開く

直前に閉じたタブを再度開くことができます。タブは、閉じる前にあった位置に表示されます。Webページによっては、再度開くことができないこともあります。

間違えてタブを閉じてしまったときは、焦らず Ctrl + Shift + T を押そう。

閉じられたタブが同じ位置に再度表示される。

**COLUMN**　誤操作や予期せぬエラーなどでWebページが消えることがあります。もう一度表示させるために、検索し直したり、履歴を表示して探したりするのは手間のかかることです。

**Webページが消えてしまったタイミングで、Ctrl + Shift + T を押すことですぐに元のWebページを再表示させることができます。** なお、ウィンドウ自体が消えてしまった場合でも、ChromeやEdgeを起動し直してから同じ操作をすることで、タブがすべて復活します。

### ウィンドウとタブ

## 新しいウィンドウを開く

Chrome　Edge

新しいウィンドウが開きます。2つ以上の画面を使って、同時に調べものをしたいときに活用されます。あるWebページを参照しながら検索するといったことも可能です。

### ウィンドウとタブ

## シークレットウィンドウを開く

Chrome　Edge

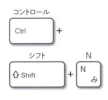

シークレットウィンドウとは、Chromeで使用できる閲覧履歴や入力された情報がパソコンに保存されないプライベートブラウジング機能です。プライバシー保護を目的に使用されます。

Ctrl+Shift+Nでシークレットウィンドウを開ける。

**COLUMN**　シークレットウィンドウの閲覧履歴は、ウィンドウを閉じたときに削除されます。ウィンドウを開いている間は、履歴が残っているため、履歴の参照が可能です。パソコンに残したくない場合は、忘れずにウィンドウを閉じましょう。

### ウィンドウとタブ

Chrome Edge

# InPrivateウィンドウを開く

InPrivateウィンドウとはMicrosoft Edgeで使用できるプライベートブラウジング機能です。パソコンに検索履歴などが残りません。

---

### 検索とアドレスバー

Chrome Edge

# アドレスバーを選択する

アドレスバーに入力できる状態になります。Webページの閲覧中、ふと検索したくなったときに活用しましょう。アドレスバーをクリックする手間を省くことができます。

Alt + D を押すだけでアドレスバーに入力できる状態になる。

**COLUMN** Ctrl + L や、Chromeは F6 を押すことでも、同様にアドレスバーに入力できる状態になります。

### 検索とアドレスバー

Chrome Edge

## アドレスバーにフォーカスする

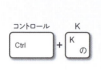

`Ctrl`+`K`でアドレスバーにフォーカスし、入力できる状態になります。`Alt`+`D`との違いは、今表示しているWebページのアドレスが表示されないことです。

### 検索とアドレスバー

Chrome Edge

## アドレスバーのURLを選択する

今表示しているWebページのURLを選択します。`Ctrl`+`C`などでコピーすることで、簡単にURLを共有できます。

`Ctrl`+`L`を押すと、今表示しているWebページのURLが選択された状態になる。

**COLUMN** `Ctrl`+`C`（コピー）や`Ctrl`+`X`（切り取り）と組み合わせることで、URLの共有をスムーズに行えるようになります。

**検索とアドレスバー**

Chrome Edge

## アドレスバーから予測候補を削除する

ウィンドウの上部にあるアドレスバーをクリックすると、過去に検索したキーワードが予測候補として表示されます。予測候補は⬇で選択して、Shift+Delete で削除できます。

---

**検索とアドレスバー**

Chrome Edge

## サイドバーで検索する

サイドバーとは、Microsoft Edgeにある、Webページ内検索や履歴、トレンドの確認ができる機能です。Ctrl+Shift+E で簡単に呼び出せます。

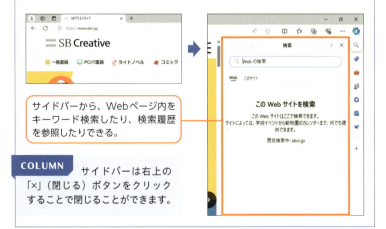

サイドバーから、Webページ内をキーワード検索したり、検索履歴を参照したりできる。

**COLUMN** サイドバーは右上の「×」（閉じる）ボタンをクリックすることで閉じることができます。

**ページ閲覧**

# ページを戻る・進む

Chrome Edge

1つ前に閲覧していたWebページを再表示したいときは Alt + ←、次のWebページを再表示したいときは Alt + → を押すと実行できます。

戻るアイコンや進むアイコンをクリックする手間を省くことができる。

**COLUMN** このショートカットキーを覚えれば、マウスカーソルを移動させる必要がないため、出先やノートPCの操作中などマウスを使用できない場面で活用できます。

---

**ページ閲覧**

# ホームページに戻る

Chrome Edge

Alt + Home を押すとホームページに移動します。ホームアイコンを押さなくても、設定したホームページを瞬時に表示させることができます。

**ページ閲覧**

Chrome Edge

# 全画面表示にする

Webページを全画面表示にできます。全画面表示では、ウィンドウ上部のタブやアドレスバーが非表示になります。

F11で全画面表示になる。

**COLUMN** 全画面表示を終了したいときは、もう一度F11を押すことで通常の表示に戻すことができます。

---

**ページ閲覧**

Chrome Edge

# ページ内をキーワード検索する

Webページ上部に検索欄を表示させます。検索欄にキーワードを入力してEnterを押すと、Webページ上にあるキーワードがマーカーされた状態になり目立ちます。Ctrl + F でも同様の操作ができます。

**ページ閲覧**

Chrome Edge

# ページ内の最上部、最下部に移動する

今表示しているWebページの上部や下部に移動します。メニューが最上部や最下部にあるホームページを表示しているときに役立ちます。

Home でWebページの最上部に移動。

**ページ閲覧**

Chrome Edge

# クリック可能な項目を移動する

Tab を押すことで、Webページ内のクリック可能なボタンを選択した状態にします。マウスカーソルを動かす手間を省き、キーボードだけでブラウジングが完結します。

Tab でボタンを選択し、Enter で決定することで素早く移動。

> ページ閲覧

Chrome Edge

# ページを再読み込みする（更新する）

F5

今表示しているWebページを最新情報に更新します。SNSや動画、ストリーム配信など、更新のあるWebページを見ているときに便利です。Ctrl + F5、Shift + F5でも同様の操作が可能です。Webページが重いなど、途中で読み込まれなくなったときなどに更新をすると、再度読み込み直してくれます。

**COLUMN** Webページの更新時、キャッシュ（パソコンに保存されているページ情報）を無視して更新することも可能です。Webページに画像が反映されていないときなどに使われます。キャッシュの更新はCtrl + F5でできます。

> ページ閲覧

Chrome Edge

# ページの読み込みを停止する

エスケープ
Esc

Escを押すとWebページの読み込みが中断されます。すでに表示されているテキストや画像のみ表示され、読み込み中だった情報は表示されません。広告やトラッキングスクリプトなどの不要なスクリプトの読み込みと実行を防ぐこともできます。Webページ内のテキストや画像といった容量の大きさ、回線速度などの原因によってWebページがなかなか表示されないことがあります。

**COLUMN** 特に画像や動画は容量が大きいため、テキストで十分というときは、読み込みを停止しましょう。使用している回線によってはデータ容量の節約にもなります。

- ページ閲覧 -

Chrome Edge

# ページ表示を拡大／縮小する

Webページが見えにくいと感じたら、Ctrl + + (-) で拡大／縮小表示することができます。また、Ctrlを押しながらマウスのホイールを前後に動かすことでもページの拡大、縮小が可能です。なお、タブやアドレスバーのテキストのサイズは変わりません。

Webページのテキストが見えにくいときは、Ctrl + + で拡大する。

- ページ閲覧 -

Chrome Edge

# ページ表示を元の倍率に戻す

Ctrl + + や - で拡大／縮小したページ表示を、元の倍率である100％に戻します。大幅に拡大、縮小したときに、キーボードを何度も押して元の表示に戻すという手間がなくなります。

元の倍率（100％）に戻したい場合は、Ctrl + 0 で瞬時にリセットできる。

### ページ閲覧

`Chrome` `Edge`

# 1画面分だけ上下にスクロールする

Webページをちょうど1画面ずつスクロールできます。マウスのホイールを動かすよりも正確に1画面ずつ移動するため、重複や見落としの心配がなくなります。

> [Page Up]または[Page Down]で、1画面分、上方向または下方向にスクロールできる。

### ページ閲覧

`Chrome` `Edge`

# ページをブックマーク（お気に入り）に登録する

Webページをブックマーク（Chrome）やお気に入り（Edge）に登録できます。[Ctrl]+[D]を押したあとに、「ブックマークを編集」が表示されるため、名前やフォルダーの場所を設定しましょう。

> [Ctrl]+[D]で「ブックマークを編集」が表示される。名前とフォルダーを設定したら、「完了」をクリック。

**ページ閲覧**

## ブックマークバーの表示／非表示を切り替える

Chrome Edge

ブックマーク（お気に入り）はウィンドウ上部のブックマークバーに表示されます。Ctrl + Shift + B でブックマークバーの表示、非表示を切り替えることができます。

 SBクリエイティブ

ウィンドウ上部にブックマークバーを表示させられる。非表示にすると、Webページをより広い画面で閲覧できるので活用しよう。

**ブックマーク**

## 開いているタブすべてをブックマーク登録する

Chrome Edge

表示しているWebページをすべてまとめてブックマーク登録することができます。複数のWebページを開いている場合は、フォルダーとして登録されます。

Ctrl + Shift + D で「すべてのタブをブックマークに追加する」が表示される。フォルダー名を設定して、「保存」をクリックする。

### メニュー
Chrome Edge
# Webページを印刷する

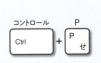

[Ctrl]+[P]を押すと、印刷プレビューが表示されます。「印刷」をクリックすると、Webページを印刷できます。[P]は「Print」のPと覚えましょう。

> 印刷したいWebページを表示し、[Ctrl]+[P]を押すだけで印刷できる。

### メニュー
Chrome Edge
# 表示しているページを保存する

ページの保存とは、Webページをファイルとして保存してインターネットに繋げられない状況でも内容を確認できるようにすることです。[S]は「Save（保存する）」のSと覚えるとわかりやすいです。

> [Ctrl]+[S]を押すと、「名前を付けて保存」が表示される。ファイル名や保存先を設定して「保存」をクリックすることで保存が完了する。

▼ページ閲覧／ブックマーク／メニュー

## 設定を開く

ウィンドウに設定を表示します。設定の表示後は矢印キーでボタンを選択し、Enterを押して実行します。

設定では、新しいタブの追加や印刷、表示倍率の変更などができる。

## デベロッパーツールを表示する

デベロッパーツールはWeb開発者やデザイナーがWebサイトの構造、スタイル、動作を調査、デバッグ、調整するために使用するツールのセットです。

デベロッパーツールではHTMLやCSSを確認することができる。

### メニュー

Chrome Edge

# 履歴画面を表示する

ウィンドウの「履歴」画面を表示します。履歴を削除したいときや過去にアクセスしたWebページに移動したいときに使います。Hは「履歴（History）」のHと覚えるとわかりやすいです。

Ctrl + H を押すと、「履歴」画面が新しいタブで表示される。

### メニュー

Chrome Edge

# 閲覧履歴を削除する

閲覧履歴をためていると、ブラウザの動作が重くなることがあります。履歴は Ctrl + Shift + Delete で定期的に削除しましょう。

「閲覧履歴データを削除」が表示される。削除したい期間や内容を選択して、「データを削除」をクリックすることで履歴を削除できる。

データを削除。

Chrome Edge

# 音声での読み上げを開始／停止する

Microsoft Edgeで表示しているWebページのテキストが自動音声で読み上げられます。「音声オプション」をクリックすると、音声の速度や言語なども設定可能です。

Ctrl + Shift + U を押すと、音声読み上げが始まると同時に、画面上部に操作バーが表示される。読み上げ中のテキストは黄色で表示される。

---

メニュー

Chrome Edge

# ダウンロード画面を表示する

「ダウンロード履歴」画面が新しいタブとして表示されます。ダウンロードしたファイルを管理したり、履歴を削除したりできます。

Ctrl + J を押すと、「ダウンロード履歴」画面に移動し、Webページからダウンロードしたデータが一覧表示される。

**メニュー**　　　　　　　　　　　　　　　　　　　Chrome　Edge

## パソコンのファイルを指定のブラウザで開く

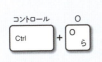 

Ctrl + O を押して、表示されたメニューからファイルを選択すると、パソコンに保存されているファイルをブラウザで開くことができます。

> ブラウザで表示したいPDFなどのファイルがある場合は、Ctrl + O を押してファイルを選択することで表示が可能。

**メニュー**　　　　　　　　　　　　　　　　　　　Chrome　Edge

## Edge Copilotを起動する／閉じる

Microsoft Edgeを使用中に Ctrl + Shift + . を押すと、画面の右側にEdge Copilotを表示させることができます。

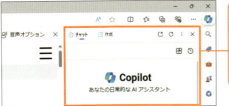

> Webページの閲覧中、ふと疑問に思ったことがあればCopilotを起動して質問してみよう。Ctrl + Shift + . で簡単に呼び出せる。

**本書の注意事項**

- 本書に掲載されている情報は、2024年8月現在のものです。本書の発行後にWindowsやOfficeソフトの機能や操作方法、画面が変更された場合は、本書の手順どおりに操作できなくなる可能性があります。
- 本書に掲載されている画面や手順は一例であり、すべての環境で同様に動作することを保証するものではありません。利用環境によって、紙面とは異なる画面、異なる手順となる場合があります。
- 読者固有の環境についてのお問い合わせ、本書の発行後に変更された項目についてのお問い合わせにはお答えできない場合があります。あらかじめご了承ください。
- 本書に掲載されている手順以外についてのご質問は受け付けておりません。
- 本書の内容に関するお問い合わせに際して、お電話によるお問い合わせはご遠慮ください。

**著者紹介**

**時短研究委員会**(じたんけんきゅういいんかい)

効率的な時間管理と生産性向上をテーマに活動する専門家集団です。ビジネス、教育、家庭生活など多岐にわたる分野で、実践的な時短術やライフハックを研究・提案しています。委員会のメンバーは、それぞれの専門分野で豊富な経験と知識を持ち、読者に役立つ具体的なアドバイスを提供することを目指しています。

- **本書へのご意見・ご感想をお寄せください。**

URL：https://isbn2.sbcr.jp/27133/

# ショートカットキーで時短が学べる教科書

2024年 9月 6日 初版第1刷発行
2025年 6月13日 初版第2刷発行

著者 ……………………… 時短研究委員会
発行者 …………………… 出井 貴完
発行所 …………………… SBクリエイティブ株式会社
　　　　　　　　　　　　〒105-0001 東京都港区虎ノ門2-2-1
　　　　　　　　　　　　https://www.sbcr.jp/
印刷・製本 …………… 株式会社シナノ
カバーデザイン ……… 小口 翔平＋畑中 茜（tobufune）

落丁本、乱丁本は小社営業部にてお取り替えいたします。

Printed in Japan ISBN 978-4-8156-2713-3